四川栽培苎麻实用生产技术

崔忠刚　著

四川科学技术出版社

图书在版编目（CIP）数据

四川栽培苎麻实用生产技术 / 崔忠刚著 . — 成都：
四川科学技术出版社 , 2024.2
ISBN 978-7-5727-1258-6

Ⅰ.①四… Ⅱ.①崔… Ⅲ.①苎麻—栽培技术 Ⅳ.
① S563.1

中国国家版本馆 CIP 数据核字（2024）第 049712 号

四川栽培苎麻实用生产技术

SICHUAN ZAIPEI ZHUMA SHIYONG SHENGCHAN JISHU

崔忠刚 著

出 品 人	程佳月
责任编辑	文景茹
封面设计	夏 霞
责任出版	欧晓春
出版发行	四川科学技术出版社
地 址	四川省成都市锦江区三色路 238 号新华之星 A 座
	传真：028-86361756 邮政编码：610023
成品尺寸	148mm×210mm
印 张	5.5 字 数 110 千
印 刷	成都博瑞印务有限公司
版 次	2024 年 2 月第 1 版
印 次	2024 年 3 月第 1 次印刷
定 价	68.00 元

ISBN 978-7-5727-1258-6

前言
Préface

　　苎麻原产于中国，是一种具有较好经济效益和生态效益的植物，素有"国纺源头，万年衣祖"之称号。我国最早发现并利用的是苎麻纤维的纺织用途。苎麻纤维具有吸湿透气、抑菌、防霉防蛀、防紫外线等特点，其制品深受广大消费者追捧，是市场上销售的主要纺织产品之一。同时，人们在种植苎麻的过程中，逐步发现并开发、利用了苎麻的药用、饲用价值。加之其根系发达、绿叶覆盖期长（4—11月）且与南方的雨期同步，因此具有极强的固土保水能力。它的生态价值日益凸显，被水利部和农业农村部确定为中国南方水土保持的首选作物。

　　四川历来就是我国的苎麻主产区之一。同湖南、江西共同为我国三大苎麻主产区。四川独特的区位优势，使苎麻产业持续向好的发展。现已成为我国最大的优质苎麻主产区、原麻交易中心。随着国家对粮食安全、生态环保的重视和乡村振兴战略的实施，惠民广泛的四川苎麻产业迎来巨大的发展机遇。四川苎麻区多在丘陵山区，与其他省份苎麻区相比，有着立体气候明显、雾日多、散射光充足、雨量充沛、湿度大、无霜期长的独特气候条件。对标四川苎麻产业高效、绿色的发展要求，因地制宜地编写四川苎麻生产新技术对促进产业高质量发展具有重要意义。

本书是在四川省科技厅科普著作专项"四川栽培苎麻实用生产技术"的支持下，由达州市农业科学研究院麻类作物研究所团队对多年来在苎麻新品种选育、麻园规划、育苗、高产高效栽培、综合利用等研究领域的相关科研成果进行系统总结并结合多年一线生产经验汇编而成。

本书内容丰富，技术新颖且真实可靠，参考价值高，旨在为从事苎麻种植、科研的人员提供参考。本书分为八章，分别阐述了四川苎麻生产发展史、苎麻植物学特征及生物学特性、四川苎麻优良品种、苎麻种苗繁育技术、纤用苎麻高效栽培技术、饲用苎麻高产高效种养殖技术、苎麻病虫草害防治技术、苎麻的综合利用等内容。

由于编著人员的水平和掌握的资料有限，存在遗漏在所难免，竭诚希望读者给予批评指正，以便再版时修订。

编者

2023 年 9 月

目录 CONTENTS

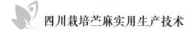

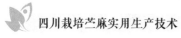

第一章

四川苎麻生产发展史

苎麻 [*Boehmeria nivea*（L.）Gaudich.]，是荨麻科苎麻属的多年生宿根性植物，原产于中国，国外称其为"中国草"。苎麻是我国特有的以纺织为主要用途的，极具民族特色的传统优势经济作物，素有"国纺源头，万年衣祖"之称号，在我国有着悠久的栽培历史，主要分布在四川、湖南、江西等地区。

四川种植苎麻历史悠久，达州市大竹县自商周时就已有苎麻种植，距今已有3 000余年历史；汉唐贡品"手工细麻布"也是出自此地；唐朝诗人杜甫的《夔州十绝句》中记载有"蜀麻吴盐自古通，万斛之舟行若风"。四川麻农代代种麻，积累了丰富的苎麻生产、经营经验，不但苎麻剥刮技术老少皆精，而且还有着独特的储麻技术，群众种植基础良好。麻农对苎麻有着深厚的感情，始终对苎麻生产保持着较高的生产积极性。优良的苎麻文化也在很大程度上促进了四川麻农对苎麻的热爱，提高了他们劳动的积极性。

四川苎麻产区夏凉冬暖，无霜期长，气温适宜（年平均气温17.0～17.5℃），雨量充沛（年降雨1 000～1 200 mm），日照充足（年日照时数1 400～1 500 h）；地形地貌特殊，四周群山环绕，平坝、丘陵交错，大风少、微风多，湿度较大，云雾及散射光较多；土壤肥沃，富含磷、钾，酸碱度适中；坡耕地多且排水良好。独特的生态与气候环境，非常适宜苎麻生长以及优质纤维的形成。

世界苎麻在中国，中国苎麻在四川。四川历来便是我国主要的优质苎麻主产区，与湖南、江西一道为我国三大苎麻主产区。随着近年四川苎麻的发展，全省苎麻种植面积约占全国的 60%，成为我国最大的苎麻主产区和原麻价格的风向标。四川苎麻品质优良，其原麻及制品闻名中外，"隆昌夏布"历史悠久，有着"麻绸""珍珠罗纹"之美誉。达州市达川区有着"中国苎麻之都"的称号。达州市大竹县有着"中国苎麻之乡""全国苎麻种植标准化示范基地县"等美誉。2007 年，原国家质检总局（现为国家市场监督管理总局）批准对"达县苎麻"实施地理标志产品保护，"大竹苎麻"于 2009 年获得原农业部（现为农业农村部）"中华人民共和国农产品地理标志登记证书"。

四川苎麻的生产发展有起有落。中华人民共和国成立初期，全省苎麻种植面积 5 万亩①左右；1987 年，全省（含现重庆市）苎麻种植面积发展到 145.65 万亩，达历史最高水平；2009 年，四川苎麻种植面积为 54.47 万亩，居全国首位；之后，随着全国苎麻种植面积不断下降，四川苎麻种植面积也在不断下降，但一直位列全国首位，目前四川苎麻种植面积稳定在 26 万亩左右。近年来，苎麻种植主产区不断调整，目前四川苎麻主要种植在达州市的大竹县、达川区，除这两县（区）外，苎麻种植面积稍大

---

① 1 亩≈666.7 平方米。

的还有达州市的渠县和宣汉县、广安市邻水县、绵阳市梓潼县、内江市隆昌市等。

四川苎麻所种植的品种随着生产需要的改变不断变化。20 世纪 60 年代以前，苎麻主要被用于制作低档纺织产品、拉线和绳索等，当时大面积推广利用的栽培品种以高产中质或高产低质类型为主。通过对地方品种进行评选、鉴定和引种试验，四川省评选出"白麻""黄白麻""大竹线麻"等地方品种作为主要推广品种，它们的亩产量在 100 kg 左右，纤维细度在 1 600 m/g 左右。随着纺织市场需求的提高，高产中质或高产低质的品种已不能适应纺织需求。20 世纪 70 年代中期，达州市农业科学研究院开始开展苎麻常规品种选育工作，科研人员通过系统选育、杂交育种和杂种优势利用等途径培育新品种，进行品种改良，从"白麻"后代中系统选育出"川苎 1 号"和"川苎 3 号"，从"黄白麻"后代中选育出"川苎 2 号"。这些新品种的亩产量大幅度提升，达到 125 kg，在当时苎麻生产上发挥了一定的作用。受限于当时的育种技术水平，新品种大多是高产中质或高产低质，纤维细度在 1 700 m/g 左右，作为纺织中高档产品的原料还不够理想，种植推广面积都不大。此阶段的育种工作积累了大量的种质资源和中间材料，为苎麻育种水平的提高奠定了扎实的基础。20 世纪 80 年代以后，随着育种技术的提高，达州市农业科学研究院培育了"川苎 4 号""红皮小麻"等品种，这些品种在产量和品质上有了较大提高，为 20 世纪 80 年代苎麻生产上的主推品种。20 世纪 90 年代以后，科研人员开展了苎麻雄性不育两系杂交育种技术研究，选育出多个高产、优质、多抗的两系杂交新品种。这些品种先后成为生产上的主推品种并进行规模化应用，如"川苎 8

号"(2000—2010 年)、"川苎 11"（2011—2019 年）、"川苎 16"（2020 年开始），亩产量提高到 150～280 kg，其中"川苎 16"亩产量最高可达 300 kg，其纤维细度在 1 800 m/g 以上。同时选育出的特优质苎麻新品种"川苎 12""川苎 15"的纤维细度可达 2 300 m/g，可作为生产高端苎麻制品的品种在生产中推广利用。在省委、省政府的重视下，四川苎麻的种植条件不断改善，不仅实现了先进的生产技术和先进的生产管理，还配备了相关技术人员在产区开展技术培训指导，实施标准化生产，这为稳定提高原麻产量及其纤维品质和规模效益创造了良好的基础条件。

苎麻植物学特征及生物学特性

第一节　苎麻植物学特征

苎麻是荨麻科苎麻属的植物，人工主要栽培的为白叶种苎麻。苎麻的地下部分发育得很好，俗称麻蔸或根蔸，由根和地下茎组成。地下茎上有许多芽，伸出地面后，形成地上部的茎、叶、花、果实和种子等器官。

一、根

苎麻的根系由主根、侧根等组成。用种子繁殖的苎麻实生苗，发芽时首先长出胚根，胚根向下伸长，形成主根，主根分枝再形成侧根。无性繁殖的麻株没有主根，萌发时首先长出许多不定根，其中一部分不定根肥大生长，长成长纺锤形的肉质根，俗称萝卜根。因为这种类型的根具有贮藏有机养分的功能，所以又称为贮藏根。苎麻根群大部分分布在地表下 30～50 cm 的耕作层中，细根可分布在地表下 1.5～2.0 m。苎麻根群的入土深浅随土质和品种而异。苎麻品种根据其根群入土深浅不同，可分为深根丛生型、浅根散生型和中间型。

（1）深根丛生型：萝卜根入土深，其中心轴与地面的夹角大；地下根茎分布范围小，紧凑；地上茎丛生；单蔸麻株群体生长得较紧凑；跑马根[①]少、粗、短（＜10 cm）。

（2）浅根散生型：萝卜根入土浅，其中心轴与地面的夹角小；地下根茎分布范围大；地上茎生长得较松散；单蔸麻株群体生长得较分散；跑马根较多、较长（10～20 cm）。

（3）中间型：介于上述两者之间。

二、茎

（一）地下茎

苎麻地下茎为根状茎，由实生苗根颈部或繁殖用的地下茎的腋芽发育而成，可以多次分枝。苎麻地下茎向四周和上方扩展，一般在地表下5～15 cm处蔓延。一般在苎麻栽植3～4年后，其地下茎可蔓延至整个麻地，地上茎也随之分布于整个麻地，这种现象称为"满园"。苎麻的地下茎有强大的再生能力，把它切成小块，播入土中，它能够发芽并发生不定根，故可用来无性繁殖，俗称"种根"。

按照部位、形态和生长习性不同，通常把地下茎分为3种：跑马根、龙头根和扁担根。跑马根长粗后，先端丛生许多芽或分枝，形如龙头，称为龙头根。在许多龙头根之间的像扁担一样横生在土中的粗地下茎，叫作扁担根。粗大的地下茎贮藏有大量的

---

① 将发生不久、直径较小、向四周生长较快、细长似鞭的地下茎叫作跑马根。

营养物质和水分。

（二）地上茎

苎麻地上茎是由地下茎发芽而成，为苎麻的地上部分，俗称"麻秆"。地上茎丛生，一般深根型品种生长得较紧凑，浅根型品种生长得较松散。

苎麻的地上茎为圆柱形，直立，高度一般为 1.8～2.5 m，高的可超过 3 m；离地表 30 cm 处的直径一般为 0.8～1.5 cm；绿色，多毛，成熟时逐渐变为褐色；每茎上有节 30～60 个。地上茎一般不分枝，木质部的颜色一般为白色，也有黄白色、棕色或青绿色等。

苎麻每蔸每季从地下茎上萌发的地上茎，叫作分株，成龄麻园一般为 10～20 株/蔸，其中生长矮小、无收获利用价值的称为无效分株。

地上茎的鲜重愈向基部愈重。地上茎离地 20～40 cm 处的纤维量最高，然后向尖端逐渐降低；地上茎总高度 70% 以下的部分的纤维量占植株纤维总量的 93%，梢部只占 1%；含纤维率以地上茎的中部最高，向梢部逐渐降低，基部也较低。

三、叶

苎麻的叶为单叶，互生，卵圆形或心脏形，顶端渐尖，叶缘有锯齿，叶色为黄绿色、绿色或深绿色，有时有皱纹，背面密生的银白色绒毛能反射太阳光，有减少蒸发和防热的功能。叶柄长 3～15 cm；托叶两片，狭长尖细，绿色、淡红色或紫红色。

四、花

苎麻的花为单性，雌雄同株异位。一般雄花序生长在茎的中下部，雌花序生长在梢部。一般每一叶腋中由花序轴分出的 2～7 条柔软的花梗再分枝，每分枝上着生有许多雄花簇或雌花簇。每一雄花簇中有雄花 5～9 朵，每一雌花簇中有雌花 100 朵左右，集成球形。

五、果实和种子

苎麻的果实为瘦果，内含 1 粒种子。果实深褐色，扁平短纺锤形或椭圆形，有毛，先端往往带有残余的花柱，外面被宿存的花被所包裹。种子很小，一般长约 0.7 mm，宽约 0.5 mm，千粒重为 0.059～0.110 g。种子内有油质胚乳，可以榨油。

第二节　苎麻生物学特性

一、苎麻生长期

苎麻的宿根年限为 10～30 年，长的可超过 100 年。新麻栽植后的 1～2 年为幼龄期，此时根和地下茎正在逐渐形成但不发达，地上茎数也较少，产量较低。一般从第 3 年起，每蔸麻的有效株数、茎秆高度和纤维产量，可接近或达到成龄的水平，然后进入壮龄期。壮龄期长达几十年，但也有几年后麻蔸就败死的。壮龄期后，麻蔸长势衰退、麻株变矮小、产量锐减，即进入了衰老期。衰老期的苎麻若及时采取措施进行更新，还可复壮。

壮龄期的苎麻一般年收 3 季，分为头麻、二麻和三麻。各季麻从萌芽到工艺成熟所需时间的长短随地区、季节和品种而异。长江流域的头麻一般在 3 月上中旬开始萌芽，头麻 80 ~ 90 d，二麻 50 ~ 60 d，三麻 60 ~ 70 d，合计共需 190 ~ 220 d。一般三麻后才开始结实，到当年的 12 月种子成熟。

一年中每一季麻地上茎的生长可分为以下 3 个阶段。①苗期：出苗至封行前的生长时期。头麻苗期时气温低，所以生长慢，需 35 d 左右；二麻、三麻苗期时气温高，所以生长迅速，仅需 10 ~ 15 d。②旺长期：封行至黑秆 1/3。此期间若温度、湿度适宜，水肥充足，则麻秆生长十分迅速。这一时期头麻约需 40 d，二麻、三麻约需 30 d。③工艺成熟期：麻秆中下部变色，黑秆 1/2 ~ 2/3 以上，下部叶片脱落，皮骨易分离。这一时期头麻、三麻需 25 ~ 30 d，二麻需 15 ~ 20 d。

二、苎麻的产量结构

（一）苎麻的产量构成因素

苎麻单位面积的原麻产量主要由单位面积有效株数、单株鲜茎或鲜皮质量、鲜茎或鲜皮出麻率 3 个因素所构成。可由下面的公式计算理论产量。

单位面积的原麻产量（kg）＝［单位面积有效株数×单株鲜茎质量或鲜皮质量（g）×鲜茎或鲜皮出麻率（%）］÷1 000

其中：

单位面积有效株数＝单位面积麻蔸数×每蔸株数×有效株率（%）

$$鲜茎或鲜皮出麻率（%）＝\frac{原麻质量（g）}{鲜茎或鲜皮质量（g）}×100\%$$

单位面积的有效株数与群体的大小有关，而单株鲜茎质量或鲜皮质量及其对应的出麻率则主要与个体的生长发育有关。要进行麻高产栽培，需要恰当协调群体与个体的矛盾，使两者处于一个相对平衡的最佳状态，从而获得高产。在一般情况下，成龄麻园的每公顷分株数为 $3 \times 10^5 \sim 4.5 \times 10^5$ 株，每公顷有效株数为 $1.5 \times 10^5 \sim 3.75 \times 10^5$ 株，单分株数为 10～20 株，有效株率为 60%～85%，株高 1.8～2.5 m，茎中部直径 0.8～1.5 cm，麻皮厚度 0.5～1.2 mm，鲜皮出麻率 8%～15%，鲜茎出麻率 3%～6%。株高、茎粗、皮厚度、鲜皮或鲜茎出麻率均受品种、季节、栽培等条件的影响。

（二）高产麻的产量结构

综合不同高产试验研究的结果，高产麻的产量结构可以确定为：原麻产量要达到 3 t/hm²，有效茎数≥3×10^5 株/hm²，株高≥200 cm，茎粗≥1 cm，皮厚度≥0.8 mm，鲜皮出麻率≥11%。但不同类型品种和不同栽培条件下高产麻的产量结构有所不同，如若苎麻的株高超过 230 cm，则需要的有效株数相应减少，反之亦然。

三、苎麻的生长和发育

新栽麻园一般可连续收获几年，甚至几十年。麻园中的苎麻每年都多次重复出苗、生长、收获等生育进程，然后地下部分越冬，多年循环这个过程。因此苎麻的生长发育与一般作物不完全相同。

（一）发芽和出苗

苎麻种子没有休眠期，只要种胚成熟、环境适宜，就能发芽。一般温度为 10℃左右时苎麻种子开始发芽。当日均气温上升到9℃时，越冬麻蔸地下茎的潜伏芽开始萌发出土。

（二）根的生长

一般深根丛生型品种根群入土深，分布较窄，萝卜根和地下茎均较肥大；浅根散生型品种根群入土浅，分布较宽，萝卜根和地下茎较小。

（三）地下茎的生长

苎麻地下茎具有向上和横向生长的特性，地下茎的数量随着地上茎的生长而不断增加。地下茎有形成、长大、衰老和死亡的过程，通常称为"换蔸"①。

（四）地上茎的生长

每季麻地上茎的生长大致可分为苗期、生长期、纤维成熟期。从出苗到封行为苗期；从封行到开始黑秆为生长期；从开始黑秆到收获为纤维成熟期。

（五）孕蕾、开花和结实

种植在长江流域的苎麻，一般在8月上中旬出现雄蕾，9月中下旬出现雌蕾、同时雄花陆续开花，9月下旬到10月上旬雌花开花；雌花开花期约10 d，授粉后15 d子房发育成瘦果，从开花到种子成熟需65～75 d。同株雄花开花期为1个月左右，前7～15 d开花最多，花粉生活力最强。

（六）纤维生长发育

苎麻的纤维细胞从初生分生组织分化出后，它的细胞壁随地上茎的生长发育逐渐延长、增厚，由下而上逐渐成熟。纤维细胞的发育分为胞壁延长期、胞壁增厚期和成熟期。据观察，苎麻的麻芽刚

---

① 换蔸指原麻蔸死亡，新发的地下茎原地生长成新的麻蔸。

出土时，幼嫩的茎组织内，就分化出早期的纤维细胞；苗高 15 cm 时，纤维细胞显著延长，胞壁略有加厚；苗高 30 cm 左右时，纤维细胞显著延长，胞壁显著加厚。从苗高 70 cm 左右到苎麻黑秆时期，茎基部纤维细胞的发育逐渐减慢，接近成熟，茎中部和茎上部的纤维细胞迅速发育。到收获期，茎基部和茎中部的纤维细胞成熟，茎上部的纤维细胞显著延长，胞壁明显增厚，接近成熟。

四、影响苎麻生长发育的环境因素

影响苎麻生长发育的环境因素主要有温度、光照、水分、风、土壤和营养物质。

（一）温度

苎麻原产热带和亚热带，是喜温作物，其生长发育要求有较高的温度。苎麻种子发芽的最低温度为 6～9℃（针对不同品种的苎麻），温度在 40℃ 以上便不能发芽，发芽的最适温度范围为 25～30℃。早春时，当气温上升到 9℃ 时，地下茎上的芽便开始萌发出土。苎麻出苗后若气温在 3℃ 以下，幼苗就会受到冻害。苎麻生长的极限温度为 3℃ 和 40℃，生长的最适温度范围为 15～30℃。韧皮纤维发育的最适温度范围为 17～32℃。−3～−2℃ 的气温会使地下茎幼芽受到冻害，较长时间的 −5～−3℃ 的低温会使地下茎冻死。

（二）光照

苎麻是喜光作物。在阳光充足的条件下，苎麻出苗早，地上茎多，茎秆粗壮，纤维细胞发育好，麻皮厚，工艺成熟早，出麻率高，产量高；在阳光不足的条件下，苎麻有效株数减少，纤维细胞不发达，细胞壁薄，茎秆软弱，产量低，但纤维较细软；在阳光过强的条件下，苎麻的纤维易木质化。同时由于苎麻是短日照植物，所以短日照可以促进苎麻孕蕾开花。

（三）水分

苎麻一年收多季，生长期长，需水量较高，年降雨量要求在800 mm以上，而且分布要均匀，大气相对湿度要求在80%以上。并且苎麻的生长快、叶片大，因此蒸腾作用强，需水量高，如果遇干旱，土壤水分不足，就会引起苎麻卷叶或落叶，生长停滞，纤维细胞发育不良，木质化程度提高，纤维粗硬。麻地以土壤含水量20%～24%或田间持水量80%～85%为宜。种植在山间多雾处的苎麻，往往品质较好。

（四）风

由于苎麻茎秆高而细、叶片大、麻骨脆弱，所以容易遭受风害。1～3级的风有助于麻地空气流通，可加速植株的蒸腾作用，促进根系吸收，利于苎麻生长发育；4级以上等级的风则会导致风害出现。强风不仅会吹伤苎麻嫩芽，使之不易生长或发生分枝，还会使麻秆摩擦而损伤韧皮纤维，擦伤部分的纤维变为红褐色的斑点（称为风斑），容易拉断；严重的甚至会导致茎秆倒伏、摧折，从而影响原麻产量和品质。

（五）土壤

苎麻对土壤的适应性较强，无论是平原还是丘陵山区都可以种植。由于其地上茎一年收获多次，因此要获得高产还是需要选择肥沃、土层深厚、通气良好、保水保肥能力强的土壤。苎麻比较耐酸，一般情况下，土壤pH值在5.5以上都能正常生长，但地下水位必须在地表75 cm以下，否则根系会发育不良，甚至会引起败蔸。

（六）营养物质

由于苎麻地下茎和根系发达、株高叶大、生长繁茂，并且一年要收获 3 季，因此它对营养物质的需求量大。在苎麻生长发育所需的大量元素中，以钙含量最高，氮、钾次之，磷最少，分别占干物质含量的 1.57% ~ 6.07%、2.37% ~ 5.30%、1.85% ~ 3.51% 和 0.61% ~ 0.84%；在苎麻生长发育所需要的微量元素中，锰、铁含量较高，锌、硼次之，铜的含量较少。

苎麻一年收获多次，生物产量很高，因此它对养分的吸收量较大，并且随着产量的增加，对养分的吸收量也相应提高。一般每生产 100 kg 原麻，苎麻实际需吸收纯氮 11.0 ~ 15.6 kg，五氧化二磷 2.6 ~ 3.9 kg，氧化钾 13.8 ~ 21.5 kg，其吸收比例基本稳定在 4∶1∶5。从氮、磷、钾三种营养元素对苎麻生长发育的影响来看，适量的氮素能促进苎麻营养生长，使茎粗叶茂，增加每蔸的有效株数，提高出麻率。缺氮会使发蔸不良、株矮茎细、叶片发黄、地上茎少、产量低；氮素过多，则会使麻秆软弱，从而使苎麻易遭受风害和病虫害。钾能促进纤维的积累和细胞壁的加厚，提高纤维的品质和苎麻抗风、抗倒、抗病能力。苎麻缺钾则会引起叶片萎缩、麻蔸发育不良、茎软，从而易倒伏。磷能促进纤维发育、根系生长和种子成熟。苎麻缺磷则会导致生育迟缓、成熟慢。

四川苎麻优良品种

达州市农业科学研究院麻类作物研究所的苎麻科技工作者，紧密结合四川丘陵山区的典型生态特性和不同时代苎麻产业发展需要，在苎麻纺织用（纤用）和饲用新品种培育方面取得了较大成绩，现已培育出"川苎"纤用系列品种 20 个，"川饲苎"饲用系列品种 4 个。上述品种现已推广至苎麻主产地区，推广应用面积占全国苎麻种植面积的 60% 以上。

第一节　苎麻品种的分类

苎麻品种的分类方式多样，目前生产应用的品种按功能用途可分为纤用品种、饲用品种、纤饲兼用型品种；按种源繁育方式不同可分为常规品种、杂交品种。纤用品种按工艺成熟天数长短可分为早熟品种、中熟品种、晚熟品种。详见表 1。

表 1 苎麻品种的分类

分类方式	品种类型
功能用途	纤用品种、饲用品种、纤饲兼用型品种
种源繁育方式	杂交品种、常规品种
纤用品种工艺成熟天数	早熟品种、中熟品种、晚熟品种

一、苎麻品种按功能用途分类

（一）纤用品种

纤用品种指以收获韧皮纤维做纺织原料为主要用途的苎麻品种。

（二）饲用品种

饲用品种指以收获全株嫩茎、嫩叶做饲料为主要用途的苎麻品种。种植在长江流域的饲用苎麻，一般年收割 7～9 次；成龄饲用苎麻的亩平均生物鲜产为 9 000 kg，其茎、叶的粗蛋白质含量在 20% 以上。

（三）纤饲兼用型品种

苎麻的纤饲兼用型品种既可以收获韧皮纤维做纺织原料，又可以收获全株嫩茎、嫩叶做饲料。

二、苎麻品种按种源繁育方式分类

（一）杂交品种

杂交品种指应用作物杂交育种技术，用两个遗传性状稳定的苎麻亲本有性杂交获得杂交一代种子的苎麻品种，如"川苎 8号""川苎 11""川苎 16"等。

（二）常规品种

常规品种指按照系统育种方法培育的遗传性状稳定、农艺性状整齐一致，以分蔸、扦插或水培等无性繁殖方式繁殖群体并保持种性的苎麻品种，如"川苎 4 号""川苎 10 号""川苎 12""川苎 15"等。

三、纤用苎麻品种按工艺成熟天数分类

苎麻的工艺成熟天数指每季苎麻从出苗到工艺成熟期所经历的天数，是划分苎麻品种熟性的重要指标。

（一）早熟品种

全年（一般收获 3 次）工艺成熟天数在 170 d 以下。

（二）中熟品种

全年（一般收获 3 次）工艺成熟天数为 171～190 d。

（一）晚熟品种

全年（一般收获 3 次）工艺成熟天数在 191 d 以上。

第二节　四川苎麻优良品种介绍

一、纤用苎麻杂交品种

（一）川苎 7 号（可作为夏布加工专用品种）

审定时间：1999 年通过四川省农作物品种审定委员会审定。

选育单位：达州市农业科学研究院①。

品种来源："川苎7号"是由自育优良雄性不育系"C13"与自育优良恢复系"B8"杂交配制而成的优良杂交品种，是"九五"计划期间育成的雄不育杂交新品种。

特征特性："川苎7号"为中根散生型中熟杂交种。该品种发蔸快、长势旺、植株高大粗壮；全年工艺成熟期185 d左右，其中头麻75 d，二麻45 d左右，三麻65 d左右；一般株高190 cm，鲜皮出麻率11%；较抗风，高抗苎麻花叶病。

原麻产量：在四川省区域试验（1995—1997年）和生产试验（1999—2001年）中，成龄麻平均原麻亩产量分别为126.11 kg、139.92 kg；生产中一般原麻亩产量150 kg左右。

原麻品质：原麻绿白色，有光泽，手感柔软，斑疵少，锈脚极短，易清水漂白，易于手工梳理，成线均匀、细长，是编织夏布的优质原料。平均纤维细度1 900 m/g。

栽培要点：（1）适时早播，培育壮苗。一般日均气温稳定在10℃以上时即可播种育苗。（2）适时移栽，合理密植。麻苗有8～9片真叶时就可以移栽，一般移栽期在3月底到4月初。麻苗适宜的种植密度为2 200～2 500窝/亩，每窝2～3苗，栽后要施足定根水。

适宜区域：适宜长江中下游地区和丘陵低山地区种植。

（二）川苎8号

审定时间：2002年3月通过四川省农作物品种审定委员会

审定。

选育单位：达州市农业科学研究院。

品种来源："川苎 8 号"是由自育优良雄性不育系"C26"和自育优良恢复系"B8"配制而成的两系杂交品种，是四川省"十五""十一五"计划期间的主推品种。

特征特性：该品种为中根散生型中熟杂交种。它根系发达，分株力中等，生长势旺，生长整齐、均匀；出土幼芽淡红色，生长期茎绿色，叶脉、托叶中肋、叶柄为微红色，成熟茎褐色，麻骨绿白色，叶片近圆形、绿色；雄花黄白色、部分不育，雌蕾多为微红色；株高 180 cm，茎粗 1 cm 左右；有效株率 75%～80%，鲜皮出麻率 11.12%；全年工艺成熟期 185～200 d 左右，头麻 80～85 d，二麻 45～50 d，三麻 60～65 d；8 月下旬至 9 月初现雄蕾，9 月上中旬现雌蕾，9 月中下旬开花；抗逆性强，高抗苎麻花叶病，抗旱性强，抗风力中等。

原麻产量：在四川省区域试验（1995—1997 年）和生产试验（1999—2001 年）中，成龄麻平均原麻亩产量分别为 138.06 kg、165.5 kg；生产中一般原麻亩产量 170 kg 左右。

原麻品质：原麻绿白色、有光泽、色泽均匀整齐、手感柔软，病斑、风斑较少，锈脚极短，平均纤维细度 1 900 m/g。

栽培要点：麻苗有 8～9 片真叶时移栽，一般移栽期在 3 月底到 4 月初；适宜的种植密度为 2 200 窝/亩，每窝 2～3 苗。若采用地膜覆盖栽培，当年可收获原麻三季。其他栽培技术与现有推广良种相同。

适宜区域：适宜种植在长江中下游地区及西南麻区的平坝和丘陵低山地区。

（三）川苎 11

审定时间：2007 年通过四川省农作物品种审定委员会审定。

选育单位：达州市农业科学研究院。

品种来源："川苎 11"是由自育雄性不育系"C9451"和优良恢复系"R7920"杂交而成的两系杂交品种，是四川省"十二五""十三五"规划期间的主推品种。

特征特性："川苎 11"是中根散生型中晚熟品种。它的全年工艺成熟期在 200 d 左右；根系发达，分株力强，生长势旺，生长整齐；叶片绿色、较大、近圆形；成熟茎绿褐色，株高 220 ~ 250 cm，茎粗 1.0 ~ 1.2 cm；高抗苎麻花叶病和炭疽病。

原麻产量：在四川省区域试验（2003—2004 年）和生产试验（2003—2004 年）中，成龄麻平均原麻亩产量分别为 155.09 kg、175.33 kg；生产中一般原麻亩产量 180 kg 左右。

原麻品质：原麻绿白色、有光泽，色泽均匀整齐，手感柔软，病斑、风斑较少，锈脚极短，平均纤维细度 2 000 m/g。

"川苎 11"生产照片

栽培要点：（1）播种。日均气温稳定在 10℃ 以上时就可以开始播种育苗。（2）移栽时间。春季时日平均气温稳定在 12℃ 和秋季时日平均气温低于 30℃ 时。（3）种植密度。每亩种植 2 200 ~ 2 500 窝，每窝移栽麻苗 2~3 苗。（4）收获。新栽麻园 7 月底至 8 月收获破秆麻，9 月下旬至 10 月上旬收获二麻。成龄麻园 5 月底至 6 月初收获头麻，7 月底至 8 月初收获二麻，10 月中下旬收获三麻。（5）田间管理。肥水施用及病害、虫害、草害的防治等田间管理与一般苎麻常规品种相同。

适宜区域：适宜种植在长江中下游地区及西南麻区的平坝和丘陵低山地区。

（四）川苎 16

审定时间：2014 年通过四川省农作物品种审定委员会审定。

选育单位：达州市农业科学研究院。

品种来源："川苎 16"是用雄性不育系"T13"为母本和优良恢复系"B2"为父本杂交而得到的苎麻品种，是四川省"十四五"规划期间的主推品种。

特征特性："川苎 16"为中根散生型中熟品种，根系发达，分株力强，生长势旺，生长整齐，均匀度好；叶片近圆形、深绿色，叶缘锯齿窄浅，叶脉微红色，叶柄微红色，托叶中肋微红色，麻骨绿白色；雌蕾淡红色，雄花部分不育；株高 220~250 cm，茎粗 1.0~1.2 cm；有效株率 75%~80%，鲜皮出麻率 12% 左右；抗旱性及抗倒性较强，高抗苎麻花叶病和炭疽病。

原麻产量：在四川省区域试验（2007—2009 年）和生产试验（2009—2010 年）中，成龄麻平均原麻亩产量分别为 180.5 kg、168.2 kg；生产中一般原麻亩产量 200 kg 左右。

原麻品质：原麻绿白色、有光泽，色泽均匀整齐，手感柔软，病斑、风斑较少，锈脚短。经四川省纤检局检测，平均纤维细度 2 016 m/g。

栽培要点：首先要适时早播，培育壮苗。四川麻区一般1月底至2月初播种，需要覆双膜保温、保湿。每亩苗床播种量为0.4~0.5 kg。其次要适时移栽，合理密植。麻苗8~9片真叶时移栽，一般移栽期在3月底至4月初，适宜的种植密度为2 500窝/亩，每窝2~3苗。若采用地膜覆盖栽培，当年可收获原麻三季。其他栽培技术与现有推广良种相同。

适宜区域：适宜种植在长江中下游地区及西南麻区的平坝和丘陵低山地区。

"川苎16"生产照片

"川苎16"原麻照片

（五）川苎18

认定时间：2020年通过四川省非主要农作物品种认定委员会认定。

选育单位：达州市农业科学研究院。

品种来源："川苎18"是以自育雄性不育系"C61"（来源于不育材料"C26×川苎10号"）为母本、自育优质品种"川苎12"为父本配制而成的优质高产杂交新品种。

特征特性："川苎18"为中根散生型中熟品种，它的植株生长旺盛、高大粗壮、分株力强；苗期时叶色淡绿色，生长茎淡绿色，成熟茎绿褐色；叶片卵圆形、绿色，皱纹多、浅，着生角度小；叶脉微红色，叶柄淡红色，托叶中肋微红色，麻骨绿白色；雌蕾微红色，雄花部分不育；一般株高 230 cm，茎粗 1.3 cm，有效株率 80%，鲜皮出麻率 11.5% 左右；高抗苎麻花叶病、炭疽病，抗旱性及抗倒性较强。

原麻产量：在四川省区域试验（2012—2014 年）和生产试验（2014—2015 年）中，成龄麻平均原麻亩产量分别为 174.59 kg、179.89 kg；生产中一般原麻亩产量 200 kg 左右。

原麻品质：原麻绿白色，色泽均匀整齐，手感柔软，斑疵少，锈脚极短，平均纤维细度 2 100 m/g。

栽培要点：一是要适时早播，培育壮苗。四川麻区一般 2 月上中旬播种育苗，每亩苗床播种量为 0.4 ~ 0.5 kg，要覆双膜保温、保湿，注意防止苗床干旱和早春霜冻。二是要适时移栽，合理密植。麻苗有 8 ~ 9 片真叶时移栽，适宜的种植密度为 2 500 窝/亩，每窝 2 ~ 3 苗。其他栽培技术与现有推广良种相同。

适宜推广区域：适宜在四川麻区及相似生态区域种植。

（六）川苎 19

认定时间：2022 年通过四川省非主要农作物品种认定委员会认定。

选育单位：达州市农业科学研究院。

品种来源："川苎 19"是以自育雄性不育系"C61"（来源于"C26 × 川苎 10 号"）为母本、中国农业科学院麻类研究所选育的苎麻品种"湘苎 6 号"为父本配制而成的优质高产杂交新品种。

特征特性："川苎 19"为中根散生型中熟品种。该品种植株生长旺盛、高大粗壮；苗期叶色淡绿色，生长茎绿色，成熟茎绿褐色；叶片近圆形，皱纹多、深，着生角度小，叶脉微红色，叶柄淡红色，托叶中肋淡红色，麻骨绿白色；雌蕾淡红色，雄花部分不育；一般株高 240 cm，茎粗 1.3 cm；有效株率 80%，鲜皮出麻率 11.5% 左右；全年工艺成熟期 190 d 左右，其中头麻 83 d 左右，二麻 46 d 左右，三麻 61 d 左右；高抗苎麻花叶病、炭疽病，抗寒性及抗倒性较强。

原麻产量：在四川省区域试验（2012—2014 年）和生产试验（2014—2015 年）中，成龄麻平均原麻亩产量分别为 179.78 kg、184.62 kg；生产中一般原麻亩产量 200 kg 左右。

原麻品质：原麻绿白色，色泽均匀整齐，手感柔软，斑疵少，锈脚极短，平均纤维细度 2 200 m/g。

栽培要点：四川麻区一般 2 月上中旬播种育苗，每亩苗床播种量 0.4~0.5 kg，双膜保温、保湿，注意防止苗床干旱和早春霜冻。麻苗有 8~9 片真叶时移栽，适宜的种植密度为 2 500 窝/亩，每窝 2~3 苗。其他栽培技术与现有推广良种相同。

适宜区域：适宜在四川麻区及相似生态区域种植。

二、纤用苎麻常规品种

（一）川苎 4 号

审定时间：1992 年通过四川省农作物品种审定委员会审定。

选育单位：达州市农业科学研究院。

品种来源："川苎 4 号"是从"大红皮"自交后代中筛选出的优良单株，品系代号为"W-4"，经过多年培育而成的新品种，是四川省"六五""七五"规划期间的主推品种。

特征特性："川苎 4 号"为散生型中晚熟品种。它的根系发达，植株高大、粗壮，分株力较强，生长势旺，生长整齐均匀；叶片绿色、近圆形，叶长 19 cm 左右，叶宽 16.8 cm 左右，叶柄淡红色，伸展角度较大；雌花红色、较少，雄花黄色、较多；一般株高 160 cm，茎粗 1 cm 左右；有效株率 75%，鲜皮出麻率 10% 左右；全年工艺成熟期 190～200 d，头麻 85 d，二麻 45～50 d，三麻 60～65 d；雄蕾现蕾期在 9 月上旬，雌蕾现蕾在 9 月中旬，9 月下旬雌、雄花开花，种子 12 月上旬成熟；抗逆性强，高抗苎麻花叶病，抗旱性强，抗风力中等。

原麻产量：在四川省区域试验和生产试验中，成龄麻平均原麻亩产量分别为 120.63 kg、115.83 kg；生产中一般原麻亩产量 130 kg 左右。

原麻品质：原麻绿白色，手感较软，锈脚短，斑疵少。平均纤维细度 1 900 m/g。

栽培要点：（1）种源繁殖。采用细切种根、压条、扦插等无性繁殖技术繁殖种源。（2）施肥。重施基肥，多施有机肥料；春季催苗肥可早施，以促进植株整齐分蘖。（3）种植密度。根据土壤肥力条件，一般种植密度为每亩 2 500 窝。（4）适时收获。新栽麻园 7 月底或 8 月初破秆，9 月下旬至 10 月上旬收获二麻；成龄麻 5 月底收获头麻，7 月中下旬收获二麻，10 月上中旬收获三麻。（5）其他。在 11 月下旬至 12 月下旬进行冬季管理（简称冬管），以施用有机肥为主，适当施用化肥，并注意培土理沟。

适宜区域：适宜种植在长江中下游地区和华南麻区的平坝、丘陵、低山等处。

（二）川苎 10 号

审定时间：2006 年通过四川省农作物品种审定委员会审定。

选育单位：达州市农业科学研究院。

品种来源："川苎10号"是以自选优良单株"3-17"作母本、"湘苎6号"作父本，从它们的杂交后代中选育而成的苎麻常规品种。

特征特性："川苎10号"为深根散生型中晚熟品种，全年工艺成熟期200 d左右；根系发达，分株力强，生长势旺，生长整齐；叶片淡绿色、较大、近圆形；成熟茎褐色，株高220~250 cm，茎粗1.0~1.2 cm；高抗苎麻花叶病。

原麻产量：在四川省区域试验（2003—2004年）和生产试验（2003—2005年）中，成龄麻平均原麻亩产量分别为152.25 kg、172.20 kg；生产中一般原麻亩产量160 kg左右。

原麻品质：原麻绿白色，手感比较柔软，锈脚短，风斑、病斑少，平均纤维细度为2 000 m/g。

栽培要点：（1）种源繁殖。采用无性繁殖技术繁殖种苗后将苗移栽。（2）移栽时间。一年四季均可移栽。（3）种植密度。种蔸繁育的种植密度为2 000~2 500窝/亩，嫩芽扦插繁育的种植密度为2 500~3 000窝/亩，每窝移栽麻苗1~2苗。（4）收获。新栽麻园7月底至8月收获破秆麻，9月下旬至10月上旬收获二麻；成龄麻园5月底至6月初收获头麻，7月底至8月初收获二麻，10月中下旬收获三麻。（5）其他。肥水施用、田间管理，以及病害、虫害、草害的防治与一般苎麻常规品种相同。

适宜区域：适宜在四川麻区及相似生态地区种植。

（三）川苎12（特优质高产品种）

审定时间：2009年通过国家农作物品种审定委员会审定。

选育单位：达州市农业科学研究院。

品种来源："川苎12"是优良单株"D-26"（从地方品种"邻水薄皮麻"的天然杂交后代中选育出的优质单株）与优良品系"D-9861"（来源于"湘苎3号"的自交后代群体）杂交，从它们的杂交后代中选育出优良单蔸"D02-38"，用嫩枝扦插繁育成的株系。它是四川省"十二五"规划期间的主推品种。

特征特性："川苎12"为中根丛生型中偏晚熟品种，全年工艺成熟期200 d左右；分株力强，发蔸快，植株整齐均匀；株高185～190 cm，茎粗1.2 cm左右，鲜皮厚0.85～0.95 cm，有效株率90%左右，鲜皮出麻率12.5%～13%；苗期幼叶淡绿色，成熟茎黄褐色，麻骨绿白色，叶片较大、近圆形、淡绿色、皱纹少，着生角度小，叶缘锯齿浅，叶柄淡红色，与主茎夹角小，叶脉淡绿色，托叶中肋黄红色；雄花蕾黄白色、可育，雄花序长50～100 cm，雌花蕾黄白色，雌花序较短。

"川苎12"生产照片　　　　　　"川苎12"鲜皮照片

原麻产量：在国家区域试验（2007—2009年）和生产试验（2008—2009年）中，成龄麻平均原麻亩产量分别为172.3 kg、172.1 kg；生产中一般原麻亩产量220 kg左右。

原麻品质：原麻绿白色，手感柔软，锈脚短，风斑、病斑少，平均纤维细度 2 308 m/g，达国家特高支品种标准。

栽培要点：（1）种源繁殖。采用细切种根、压条、扦插等无性繁殖技术繁殖种源，以保持品种的优良种性。（2）育苗。在 12 月中下旬利用小拱棚育苗，为确保麻苗健壮，应注意选择肥沃、疏松、平坦和能排能灌的菜地做苗床。（3）适时早栽。栽前开沟或开窝，深施底肥，根据土壤肥力条件，栽麻密度 2 200 窝/亩左右。（4）田间管理。成活后及时查苗补缺，确保全苗；及时追施提苗肥，随着气温升高，病虫害开始发生，要及时预防，重点防治夜蛾；麻园注意排水防渍。（5）收获。新栽麻 7 月底或 8 月初破秆，9 月下旬至 10 月上旬收获二麻。成龄麻 5 月底至 6 月初收获头麻，7 月底至 8 月初收获二麻，10 月中下旬收获三麻。

适宜区域：适宜在四川麻区和相似生态地区种植。

（四）川苎 15（特优质高产品种）

审定时间：2013 年通过四川省农作物品种审定委员会审定。

选育单位：达州市农业科学研究院。

品种来源："川苎 15"是从"C38×红皮小麻"杂交后代中选育，经无性繁育成的苨系。

特征特性："川苎 15"是中根散生型中熟品种，植株高大、粗壮，生长整齐，均匀度好；苗期叶色淡绿色，生长茎绿色，成熟茎绿褐色，叶片近圆形，叶缘锯齿宽、深度中，叶脉、叶柄、托叶中肋均浅绿色，麻骨绿白色；雌蕾黄白色，雌雄花全部可育；一般株高 200～220 cm，茎粗 1～1.2 cm，有效株率 70%，鲜皮出麻率 11% 左右；高抗花叶病、炭疽病，抗旱性较强。

原麻产量：在四川省区域试验（2007—2009 年）和生产试验

（2009—2010 年）中，成龄麻平均原麻亩产量分别为 140.33 kg、133.46 kg；生产中一般原麻亩产量 150 kg 左右。

原麻品质：原麻绿白色，手感比较柔软，锈脚短，风斑、病斑少。经四川省纤维检验局检测，平均纤维细度 2 349 m/g，达国家特高支品种标准；经中国麻纺织行业协会抽样检测，头麻平均纤维细度达 2 704 m/g。

栽培要点：（1）种源繁殖。采用细切种根、压条、扦插等无性繁殖技术繁殖种源，以保持品种的优良种性。（2）施肥。重施基肥，多施有机肥料；春季催苗肥可早施，以促进植株分蘖整齐。（3）种植密度。根据土壤肥力条件，一般种植密度为 2 500 窝/亩。（4）收获。新栽麻园 7 月底或 8 月初破秆，9 月下旬至 10 月上旬收获二麻；成龄麻 5 月底收获头麻，7 月中下旬收获二麻，10 月上中旬收获三麻；黑秆 1/2 至 2/3 时应当及时收获，保证纤维质量。

适宜区域：适宜在四川麻区及相似生态区域种植。

（五）川苎 17

审定时间：2015 年通过国家农作物品种审定委员会审定。

选育单位：达州市农业科学研究院。

品种来源："川苎 17"是以"川苎 8 号"天然杂交后代中筛选的"B0535"作母本，与父本"湘苎 2 号"杂交，从其后代中筛选出的优良单株，经系统选育而成的苎麻常规品种。

特征特性：该品种为中根散生型，生长旺盛，叶缘锯齿宽、深度浅；叶柄黄绿色，叶片椭圆形、皱纹浅、少，着生角度大，生长整齐，植株均匀；雌蕾红色，成熟茎绿褐色，麻骨绿白色；成龄麻一般株高 186.77 cm，茎粗 1.09 cm，鲜皮厚 0.89 mm；无效株率 16.33%，鲜皮出麻率 11.86%。在国家生产试验中，成龄麻一般株高 190.15 cm，茎粗 1.13 cm，鲜皮厚 0.86 mm，无效株率 12.43%，鲜皮出麻率 11.72%。该品种全年工艺成熟期 190～205 d，其中头麻 80～85 d，二麻 45～50 d，三麻 65～70 d。8 月底至 9 月初现雄蕾，9 月上中旬现雌蕾，9 月中下旬开花，12 月初种子成熟。该品种高抗花叶病、炭疽病，抗风性、抗渍性中等，中抗苎麻根腐线虫病，抗寒性较好。

原麻产量：在国家区域试验（2013—2015 年）和生产试验（2014—2015 年）中，成龄麻平均原麻亩产量分别为 184.52 kg、208 kg；生产中一般原麻亩产量 210 kg 左右。

原麻品质：原麻绿白色，手感比较柔软，锈脚短。平均纤维细度 2 169 m/g。

栽培要点：（1）种源繁殖。采用细切种根、压条、扦插等无性繁殖技术繁殖种源。（2）施肥。重施基肥，多施有机肥。春季催苗肥可早施，以促进植株分蘖整齐。（3）种植密度。种植密度为 2 000～2 500 窝/亩。（4）收获。新栽麻 7 月底或 8 月初破秆，9 月下旬至 10 月上旬收获二麻。成龄麻 5 月底至 6 月初收获头麻，7 月底至 8 月初收获二麻，10 月中下旬收获三麻。（5）其他。应在雨后或易形成水涝的区域做好田间理沟排水，避免麻蔸因渍水而腐烂。

适宜区域：适宜在四川麻区及相似生态区域种植。

（六）川苎 20（特优质高产品种）

认定时间：2022 年通过四川省非主要农作物品种认定委员会认定。

选育单位：达州市农业科学研究院。

品种来源："川苎 20" 是 2004 年以从 "川苎 9 号" 自交后代

中选择优良的不育株作母本与表现优良的可育株杂交,从杂交后代中选出的优良单蔸(代号为"BPS0712"),经系统选育而成。

特征特性:"川苎20"为中根散生型中熟品种,植株高大粗壮,生长整齐,均匀度好;苗期叶色红色,生长茎绿色,成熟茎绿褐色;叶片椭圆形,叶片皱纹少、浅,叶脉红色,叶柄红色,托叶中肋淡红色,麻骨绿白色;雌蕾红色,雄蕾细小不开裂,雄性不育;一般株高220 cm,茎粗1.2 cm;有效株率80%,鲜皮出麻率11.5%左右;高抗花叶病、炭疽病,抗倒伏强,耐旱性较强。

原麻产量:在四川省区域试验(2012—2014年)和生产试验(2014—2015年)中,成龄麻平均原麻亩产量分别为155.97 kg、151.33 kg;生产中一般原麻亩产量160 kg左右。

原麻品质:原麻绿白色,手感比较柔软,锈脚短,风斑、病斑少,平均纤维细度为2 455 m/g。

栽培要点:(1)种源繁殖。采用细切种根、压条、扦插等无性繁殖技术繁殖种源,以保持品种的优良种性。(2)种植密度。根据土壤肥力条件,每亩栽麻2 000~2 500窝。(3)施肥。重施基肥,多施有机肥料;春季催苗肥可早施,以促进植株分蘖整齐。(4)收获。新栽麻7月底或8月初破秆,9月下旬至10月上旬收获二麻。成龄麻5月底至6月初收获头麻,7月底至8月初收获二麻,10月中下旬收获三麻。(5)其他。新栽麻园注意排水防渍。

适宜区域:适宜在四川麻区及相似生态区域种植。

三、饲用苎麻品种

(一)川饲苎1号

审定时间:2012年通过四川省农作物品种审定委员会审定。

选育单位：达州市农业科学研究院。

品种来源："川饲苎1号"是从"大竹线麻×广西黑皮蔸"杂交后代群体中，选择出长势特别旺盛，发蔸及再生能力强，前期生长快，叶片多的单株，经系统选育而成的饲用苎麻品种。

特征特性："川饲苎1号"为中根丛生蔸型苎麻品种。该品种前期生长较快、旺盛，发蔸与再生能力较强；幼苗叶色淡绿，生长茎浅绿色，叶片卵圆形、绿色、夹角大、较多，叶缘锯齿宽、深度浅，叶脉浅绿色，叶柄黄绿色，托叶中肋微红色，雌蕾桃红色；茎秆较细，麻皮薄，叶茎比较大，生物产量构成因素合理，生物产量较高；耐肥能力强，高肥水条件下生产潜力较大；抗旱性较强，抗倒伏能力较弱，高抗苎麻花叶病毒病、炭疽病。

生物产量：在四川省区域试验（2007—2009年）和生产试验（2009—2010年）中，成龄麻每亩平均生物鲜产分别为8 493.87 kg、8 591.40 kg。

品质：经国家粮食局成都粮油食品饲料质量监督检验测试中心检测"川饲苎1号"的茎叶干物质中含粗蛋白23.8%、粗脂肪24 g/kg、粗纤维素13.7%、粗灰分15%、钙3.69%、维生素 B_2 18.3 mg/kg、氨基酸17.82%。

栽培要点：（1）合理密植，适时收割。根据土壤肥水条件，每亩栽3 000~4 000窝；根据年平均气温、降雨量适当控制收割次数，一般收割高度为60~70 cm，年收割次数7~9次。注意新栽麻收割次数要控制在3次内，以利于地下部分生长和储藏养分，提高再生能力。（2）科学施肥。施足底肥，每次收割后应及时追施氮肥。（3）注意开沟排水防渍，加强冬培管理。冬培时应重施有机肥，对麻园中耕和覆土，以确保麻园的持续生产力。

适宜区域：适宜在四川麻区及相似生态区域种植。

（二）川饲苎 2 号

审定时间：2013 年通过四川省农作物品种审定委员会审定。

选育单位：达州市农业科学研究院。

品种来源："川饲苎 2 号"是以从"渠县青杠麻×大竹线麻"的杂交后代群体中选择出的优良植株作母本，再与父本"广西黑皮蔸"进行杂交，然后从它们的杂交后代中选择出长势特别旺盛、发蔸及再生能力强、前期生长快、叶片多的单株，最后经系统选育而成的饲用苎麻品种。

特征特性：该品种为中根丛生蔸型，植株整齐均匀，生长旺盛、发蔸及再生能力强，年生物产量高；耐肥能力强，在高肥水条件下更能发挥其增产潜力；前期生长快，适宜一年多次收割，种植在长江流域的年收割 7～9 次。茎秆较粗，苗期叶色淡红色，生长茎浅绿色，叶片近圆形、深绿色、多、夹角小，叶缘锯齿宽、深，叶脉、叶柄、托叶中肋微红色，雌蕾紫红色。高抗苎麻花叶病、炭疽病。

生物产量：在四川省区域试验（2007—2009 年）和生产试验（2009—2010 年）中，成龄麻每亩平均生物鲜产分别为 8 563.1 kg、8 730.6 kg。

品质：经国家粮食局成都粮油食品饲料质量监督检验测试中心检测，"川饲苎 2 号"的茎叶干物质中粗蛋白质含量为 20.1%，粗脂肪含量为 2.7%，粗纤维素含量为 18.2%，粗灰分含量为 13.5%，钙含量为 4.34%，维生素 B_2 16.8 mg/kg，氨基酸总量为 16.13%。

栽培要点：与"川饲苎 1 号"一致。

适宜区域：适宜在四川麻区及相似生态区域种植。

（三）川饲苎 3 号

认定时间：2020 年通过四川省非主要农作物品种认定委员会认定。

选育单位：达州市农业科学研究院。

品种来源："川饲苎 3 号"是由达州市农业科学研究院利用自育雄性不育材料"9451"与"川苎 10 号"杂交，在其后代群体中筛选的长势旺盛、发蔸及再生能力强、生长快、叶片多的单株，经无性扩繁育成。

特征特性："川饲苎 3 号"为中根丛生型，植株整齐均匀、生长旺盛、发蔸及再生能力强，年生物产量高；耐肥能力强，在高肥水条件下更能发挥其增产潜力；前期生长快，适宜一年多次收割，种植在长江流域的年收割 7～9 次。植株叶片多、茎秆较粗；苗期叶色淡红色，生长茎浅绿色，叶片近圆形、深绿色、夹角小，叶片皱纹多、浅，叶脉、叶柄、托叶中肋微红色，雌蕾红色。高抗苎麻花叶病、炭疽病，抗旱性、抗倒伏能力较强。

"川饲苎 3 号"生产照片　　　　"川饲苎 3 号"青贮饲料照片

生物产量：在四川省区域试验（2012—2014 年）和生产试验

（2014—2015 年）中，成龄麻每亩平均生物鲜产分别为 9 149. 68 kg、9 186. 2 kg。

品质：经国家粮食局成都粮油食品饲料质量监督检验测试中心检测，"川饲苎 3 号"的茎叶干物质中粗蛋白质含量为 25.5%，粗脂肪含量为 1.9%，粗纤维素含量为 12.2%，粗灰分含量为 16.6%，钙含量为 5.81%，氨基酸总量为 19.17%。

栽培要点：与"川饲苎 1 号"一致。

适宜区域：适宜在四川麻区及相似生态区域种植。

（四）川饲苎 4 号

认定时间：2023 年通过四川省非主要农作物品种认定委员会认定。

选育单位：达州市农业科学研究院。

品种来源："川饲苎 4 号"是达州市农业科学研究院在"川苎 11"的自交后代群体中筛选的长势旺盛、发蔸及再生能力强、生长快、叶片多的单株，经无性扩繁而育成。

特征特性："川饲苎 4 号"为中根丛生蔸型，植株整齐均匀、生长旺盛、发蔸及再生能力强，年生物产量高；耐肥能力强，在高肥水条件下更能发挥其增产潜力；前期生长快，适宜一年多次收割，种植在长江流域的年收割 7～9 次。该品种茎秆较粗；苗期叶色淡红色，生长茎浅绿色，叶片近圆形、夹角小且多，叶片皱纹多、浅，叶脉、叶柄、托叶中肋微红色，雌蕾红色。高抗苎麻花叶病、炭疽病，抗旱性、抗倒伏能力较强。

生物产量：在四川省区域试验（2017—2019 年）和生产试验（2019—2020 年）中，成龄麻每亩平均生物鲜产分别为 9 667. 58 kg、9 191. 40 kg。

品质：经国家粮食局成都粮油食品饲料质量监督检验测试中心检测，"川饲苎 4 号"的茎叶干物质中粗蛋白质含量为 24.6%，粗脂肪含量为 4.96%，钙含量为 5.01%，粗灰分含量为 13.6%。

栽培要点：与"川饲苎 1 号"一致。

适宜区域：适宜在四川麻区及相似生态区域种植。

第四章

苎麻种苗繁育技术

第一节　苎麻杂交品种制种技术

杂交品种制种技术，即利用杂交品种的亲本（不育系、恢复系）按一定规格种植和管理，进行杂交种子生产的技术。

杂交苎麻具有杂种优势强、繁殖系数高（1 亩制种地可生产杂交种子 25 ~ 30 kg，育苗可栽大田 1 500 ~ 2 000 亩）、种苗成本低、不带病虫、便于远距离运输等优点，在生产应用中具有明显优势。

一、制种地的选择

苎麻是异花授粉作物，植株高大，它的花粉细小、轻，易随风飘扬。为防止串粉，确保杂交种子纯度，选择制种地时需注意以下两点：一是制种地要背风向阳，有较好的排灌条件，土壤比较疏松、肥沃，pH 值为 5.5 ~ 7.5，3 年内未种植过苎麻；二是制种地应有良好的隔离条件，一般要求平坝制种地周围 1 000 m 内

无其他苎麻种植，也可利用距制种地 30 m 以上的自然屏障（山或高大树木等）隔离。

二、制种亲本的繁育

应在纯度 ≥99.9% 的亲本圃中采用分蔸、扦插等无性繁殖方式繁育制种亲本。

三、种植行比与规格

种蔸苗应 3 月下旬移栽，扦插苗应 5 月底前移栽。一般制种地的种植密度为 2 200 ~ 2 500 窝/亩；母本（不育系）、父本（恢复系）适宜的行比为 4 ~ 6∶1，即种植 4 ~ 6 行母本后种 1 行父本，为防止串蔸引起混杂，母本与父本之间的行距应大于母本间的行距。种植规格具体为：父本间窝距 50 cm；母本间行距 60 cm、窝距 50 cm；父本与母本间行距 80 cm。

四、花期调节

苎麻杂交品种的父本、母本的花期比较协调，一般不需调节花期。若因地域等原因导致父本、母本生育期发生变化而出现花期不协调的现象，可根据父本、母本生育期差异，适当调整二麻时父本、母本的收获期，这可促使父本、母本花期协调。

五、收获

苎麻一般 9 月上旬开始现蕾开花，12 月上旬种子成熟，以 2/3 母本植株上的果穗颜色变成褐色，种子籽粒比较饱满为种子成熟标准。为避免迟收降低原麻产量和品质，防止种子混杂，一般要求 11 月中旬先收获父本。种子成熟后选在晴天、果穗上基本无露水时，去掉麻叶，捋取果穗。

六、果穗处理及种子贮藏

收获的果穗应及时晾晒，以免堆垛发热沤坏种子，使种子丧失发芽率。果穗干燥（含水量降到14％）后脱粒，经过筛、风吹除去空瘪种子、果壳等杂质。

种子干燥（含水量降到12％以下）后包装贮藏备用。

第二节　苎麻种子贮藏技术

合理地保存种子，可以降低种子的呼吸作用，减少它的放热，使它不容易发芽或者腐烂；同时可以降低种子中酶的活性，减少种子有机物质的消耗。

一、干燥

对苎麻种子进行保存时，首先要求种子的含水量不能太高，必须干燥至含水量降到12％以下后才能保存。

二、低温

如果在室温条件下保存苎麻种子，苎麻种子中的不饱和脂肪酸易被氧化，这会导致苎麻种子丧失发芽力，因此室温条件下保存的种子应尽早投入使用。若将苎麻种子放在地窖里保存，可以

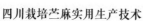

保存 1 ~ 2 年。若将苎麻种子放在 - 10℃的冷库中，则可以保存 3 ~ 5 年。

三、适当密封与避光

保存种子时，不能将种子完全密封，需要少量空气，否则种子会因无氧呼吸产生酒精而中毒死亡；要保持通风，这样种子呼吸产生的热量就可以及时消散。最后应将放进蛇皮袋或麻袋的苎麻种子置于避光的地方。

第三节　苎麻种子育苗技术

苎麻种子很小，每千克种子约有 1 500 万粒，育苗后可栽植 50 亩地左右。苎麻种子育苗时要注意以下几点。

一、苗床选择

选择地势平坦，背风向阳，取水方便，土壤疏松、肥力中上，杂草少，两年以上未种植过苎麻的地块作为苗床。苗床育苗前慎用除草剂，尤其是广谱长效除草剂。

二、苗床整理

苎麻种子繁殖的幼苗细小脆弱，顶土力和抵御不良环境的能力弱，因此精细整地是保证全苗、齐苗的关键。育苗前 7 ~ 10 d 深翻炕土，除净杂草、石砾等，然后每亩施腐熟人畜粪 1 000 ~

1 500 kg 作底肥，可配施多菌灵和高锰酸钾等对土壤消毒。育苗前 2 ~ 3 d 可按厢宽 100 ~ 110 cm，厢沟"宽×深"为"30 cm × 20 cm"的规格开沟作厢，缓坡地厢面与等高线平行，然后精细平整好厢面，使其达到上实下虚、表土细密。

三、播种

（一）播种时间

当土壤温度在 9℃ 以上时即可播种，最佳播种时间为早春（2月中下旬或 3 月初），也可于温度适宜的秋季播种育苗。

（二）播种量

每亩苗床用苎麻种子 350 ~ 400 g。

（三）种子处理

播种前选晴天晒种 1 ~ 2 d 后，用 45℃ 左右的 500 倍多菌灵溶液浸泡 12 ~ 24 h，然后将种子放置在阴凉干燥处，晾干其表面水分。最后按种子∶草木灰或轻质细土（注意拌种物里不要混有杂草种子）1∶25 ~ 35 的比例拌匀备用。

（四）播种方法

按照分厢、定量、反复多次的撒播法进行播种。播前用腐熟清粪水或清水灌透厢面，按每厢苗床面积大小把处理好的种子分成相应的若干份。选在无风天气将种子来回均匀播于厢面，播后在种子上均匀地撒上薄薄的一层细土（以不见种子为宜），再用喷水壶或喷雾器充分浇湿厢面。

（五）双膜覆盖

在厢面平铺地膜或微膜，再覆盖拱膜，以较好地保温保湿。

四、苗床管理

管理苗床上的种子实生苗是确保苎麻种子繁殖成功的关键。其注意事项如下。

（一）及时揭膜

在苗床60%的麻苗出土后，就应及时揭去平铺地膜，同时保留拱膜。

（二）保温保湿

在麻苗出现4片真叶前，厢面要保持湿润，见土发白就喷水，洒水方法为好，切忌瓢泼；随时拔净杂草；控制膜内

苎麻苗床

温度在30℃以下，高了就要及时揭开两头通风；傍晚在两头喷水后要盖严膜。当麻苗出现6片真叶后，可选在阴天或下午5时后揭膜锻炼麻苗，揭膜应逐步进行，开始先揭开两端，2~3 d后待苗适应了自然气候，即可全部揭膜，但是起支撑作用的竹片仍然需留下以备暴风雨来临时盖膜避雨或低温寒潮来时盖膜保温。

（三）除草、去杂和间苗

揭膜后若发现苗床中有杂草要及时拔去。同时从6片真叶期开始，需根据麻苗植株形态，除去群体中植株形态明显不同的麻苗，即去杂。在去杂的同时进行间苗。间苗的方法是先除去弱小苗，如果苗床的密度仍大，需再去掉一部分麻苗，标准为单株面积 10~20 cm²，麻株间以叶不搭叶为宜。间苗一般要分2~3次进行，每次间隔7 d左右。

（四）施肥

苎麻种子出苗一段时间内，由于根系不发达，吸水、吸肥能力差，所以需给苗床不断供给必需的养料和水分。苎麻在 3 片真叶期前由于茎、叶、根嫩弱，若追肥过早，容易烧伤麻苗。所以第一次追肥应在麻苗出现 3 ~ 4 片真叶时进行，按先少后多、先淡后浓的原则（开始每 100 kg 水兑腐熟人尿 2 kg 和尿素 0.1 kg），以后看苗、地力每隔 5 ~ 7 d 施一次，以促进麻苗生长。施肥宜结合间苗进行，此时一般追肥 2 ~ 3 次。最后注意凡茎、叶、根生长得太嫩的麻苗在移栽前一周应断肥，以免嫩苗移栽时难以成活。

五、起苗移栽

在精细管理的条件下，麻苗出苗 50 ~ 60 d 后可长出 8 ~ 10 片真叶，这时即可开始移栽，10 ~ 12 片真叶期是最适宜的移栽期。应选择阴天或晴天的下午 4 点以后进行移栽；取苗前用水浇湿苗床，每次取苗应选取大苗，取苗后的苗床应及时整理施肥，以促进小苗生长；取苗时应尽可能减少根系损伤，适量带土移栽，对于叶片数较多、株高超过 40 cm 的麻苗应剪去部分叶片，以减少水分蒸腾；栽后应及时浇足定根水。栽麻后如果连续晴天，每天应浇水一次，以确保麻苗成活，并及时查苗补缺。

第四节 苎麻常规品种无性繁殖技术

一、苎麻地下茎繁殖技术

苎麻的地下茎实际上是苎麻地上茎生长在土壤中的部分，为变态根状茎，是苎麻种植的繁殖材料。地下茎按形态与生长部位又可分为龙头根、扁担根、跑马根。龙头根是地下茎的顶端部分，样子像龙头，生长在表土层，性喜向上生长，发芽快、出苗多；扁担根在龙头根的下部，离土表较深，故发芽少而慢，但根苗粗壮；跑马根由单芽向麻蔸四周延伸而形成的新的地下茎，比较细长，发芽较快，常用作分株繁殖。

（一）繁殖优缺点

苎麻地下茎繁殖技术具有方法简单、操作简便、成活率高、不易发生变异等优点，是苎麻常规种保持种性最为有效的无性繁育方法。但苎麻地下茎繁殖技术也有繁殖系数低、种源用量大、易传播病虫草害、种苗成本较高等缺点。苎麻地下茎繁殖技术多在苎麻主产区的麻园更新复壮中应用。

（二）去杂去劣

在进行苎麻地下茎繁殖前，应先对供种麻园的植株进行去杂去劣，以确保繁育的种源纯度。然后安排熟悉品种特性的苎麻专家，在植株生长发育期间，仔细观察供种麻园植株的叶片，托叶的形状、颜色等，特别是苎麻现蕾开花期，鉴定花蕾颜色与发育情况，若发现有变异、混杂的植株应立即用挂牌或插扦等方式标记，然后连蔸挖净，保证供种麻园种性纯正。

（三）繁殖时期

在设施条件（智能大棚等）满足的情况下，苎麻无性繁殖一年四季均可进行。根据光照与气温条件，以春季、初冬繁殖最好，春季繁育一般在雨水至惊蛰节气间进行较好；初冬繁殖可在三麻收后（霜降至立冬节气间）进行。

（四）繁殖方法

1. 翻蔸繁殖

将老化麻园的麻蔸全部翻挖后，剔除其中的烂蔸、病蔸、虫蔸和无发芽能力的老蔸等，然后将发育健壮的地下茎切块后育苗移栽，或直接移栽到新麻地。一般每亩老麻地通过翻蔸可扩繁新麻地 5~10 亩。

2. 边蔸繁殖

在麻园冬季管理中，将中耕时挖起的跑马根等地下茎切块育苗移栽，或直接移栽到新麻地。也可从生长旺盛或过密的成龄麻地中，挖出 1/3 或 1/4 麻蔸育苗或另行移栽。通过边蔸繁殖可扩繁新麻地 1~2 亩。

3. 盘蔸繁殖

将成龄麻蔸的四周挖取一部分跑马根切块育苗移栽，或直接栽到新麻地，每亩成龄麻地采用盘蔸法可扩繁新麻地 1~2 亩。盘蔸繁殖适用于浅根型苎麻品种。

4. 剃头繁殖

在成龄麻园冬季管理时，培土前可用锋利的锄头等工具将麻蔸上部的龙头根削下，然后将其切成小块育苗移栽，或直接移栽到新麻地。剃头过的麻园因龙头根被削会影响麻园内植株的生长发育，降低原麻产量，所以应加强麻园管理，如采用地膜覆盖麻蔸、适当增施肥料，促进植株早生快发，提高原麻产量。剃头繁殖适用于深根型苎麻品种。

5. 抽行繁殖

在成龄麻园冬季管理前，对于麻蔸丛生密集的成龄麻园，可用齿耙等每隔65 cm左右，挖出一行苎麻的地下茎，然后将地下茎切块育苗后移栽，或直接移栽成新麻。每亩成龄麻地采用抽行繁殖可扩繁新麻地2~4亩。

6. 细切繁殖

细切繁殖是在翻蔸、边蔸、盘蔸、剃头、抽行等繁育方式中，为提高繁殖系数而常用的一种繁育方式。细切种蔸前，先选出其中的病蔸、虫蔸、腐烂蔸等，切除萝卜根，在阴凉避风处，将苎麻地下茎放在木质板凳等较为松软物体上，用比较锋利的刀刃将地下茎切成小块，粗壮的地下茎可切短些，瘦细的地下茎可切长些。一般龙头根、扁担根细切成重量约5 g的小块，跑马根切成重量约1 g的小块，每个小块上留芽2~5个，切口应小而平滑，以减少地下茎浆汁流失，便于伤口愈合，提高成活率。地下茎细切应随挖随选、随切随栽，以提高成苗率。细切种块后育苗移栽。

（五）苗床整理及育苗

选择肥沃、疏松、排灌方便、两个月内未使用过除草剂的土地作苗床。苗床经深挖、炕土、平整后，按宽1.2~1.3 m开厢，一般育苗规格为10 cm×5 cm左右。苗床排苗前用0.01%高锰酸钾稀释液进行浸泡消毒10~15 min，排苗后盖约3 cm厚的土杂肥，然后用水浇透，再用小拱膜覆盖以确保保温保湿，并防止雨水冲刷。苗床注意旱时浇水，雨时排渍。

（六）及时移栽

发芽的种根既可直接栽入大田，也可等麻苗长至 8~10 片真叶时移栽。

浅根型或中根型的品种因龙头根、扁担根、跑马根等繁育的种苗大小相差不大，可以混合移栽。深根型的品种因龙头根、扁担根、跑马根繁育的种苗差异较大，应分开移栽，不然会因种苗素质不一致而影响产量，甚至缩短麻园持续丰产时间。

二、苎麻嫩梢（枝、芽）及脚麻扦插繁殖技术

苎麻的嫩芽、侧枝、茎梢及脚麻等均有较强的再生能力，将其从苎麻植株上取下，插入土壤中，在适宜的温度、湿度及光照等条件下，可以生根发育长成完整的植株，这个方法称为苎麻嫩梢（枝、芽）及脚麻扦插繁殖技术，它所培育的麻苗简称扦插苗。苎麻嫩梢（枝、芽）及脚麻扦插繁殖是苎麻无性繁育方式之一，因其遗传稳定，不易变异，嫩芽、侧枝、茎梢等繁殖材料可反复选取，繁育系数较大，不易传播病虫草害，育苗条件要求不高，育苗技术简便，种苗整齐，所以在苎麻试验示范和新品种推广中广泛应用。

（一）供种麻园

苎麻嫩梢（枝、芽）及脚麻扦插的供种麻园为种植优质高产品种，种性纯正，植株整齐，生长旺盛，无病虫草害，麻龄为壮龄的麻园。头年加强供种麻园的冬季管理，深耕麻园，施足有机质肥料，认真培土，盖好种蔸，理通沟渠。开春后，可覆盖地膜

保温，要及早施肥，促进麻蔸及早出芽、植株快速生长，为提供更多的嫩梢（枝、芽）及脚麻进行扦插繁育奠定良好基础。

（二）苗床整理

选择取水方便、土质疏松肥沃、3年内未栽种过苎麻、2个月内未使用过除草剂的壤土或沙壤土作为苗床。春季扦插的苗床应背风向阳，夏季或秋季扦插的苗床处应遮阳凉爽。扦插前2~3 d，应选择在晴天深耕，捡净杂物等，按宽150 cm开沟作厢，将厢面整理得平整且呈瓦背形，然后用多菌灵或甲基托布津等溶液对土壤进行消毒，最后按6~8 cm的间距在苗床厢面挖好扦插沟。

（三）适时取材

春季扦插一般从3月上旬开始，选择在晴天或阴天、植株叶片上无露水时切取苎麻嫩梢（枝、芽）或割取脚麻，切忌在雨天或叶片上有露水时取材。切取苎麻不同部位的操作如下。

（1）切取嫩梢：在苎麻的头麻、二麻、三麻收获前或植株长到100 cm时，用锋利的剪刀或刀片等器具，在顶梢下8~10 cm叶节处将苎麻嫩梢（不用空心顶梢）切下，然后用于扦插。

（2）切取侧枝：当苎麻植株长至100 cm时打去顶心，促进侧枝生长，当侧枝长至7~8 cm时，将侧枝用手直接摘下，然后用于扦插。

（3）切取嫩芽：苎麻植株的幼芽出土长至5~7 cm时，用锋利的剪刀或刀片等器具，将嫩芽贴地面处切下，然后用于扦插。

（4）割取脚麻：在苎麻植株生长期间，用锋利的剪刀或刀片等器具从贴地处将脚麻割下，然后用于扦插。

在切取嫩梢（枝、芽）、割取脚麻等过程中时，注意不得损伤植株的茎秆、表皮。取材后要除去切（割）下的嫩梢（枝、芽）、脚麻上多余的叶片，每个嫩梢（枝、芽）、脚麻上只能保留其顶端的嫩叶 3～4 片，以备扦插育苗。

（四）扦插、管理及移栽

扦插、管理及移栽的具体操作如下。

1. 消毒处理

将备好的嫩梢（枝、芽）、脚麻放入 0.01% 的高锰酸钾溶液中浸泡 5～10 min，或在 1%～2% 的多菌灵溶液中浸泡 1～3 min，消毒后取出沥干备用。扦插前还要用 0.01% 的高锰酸钾溶液或 1%～2% 的多菌灵溶液浇透苗床（使表土湿透 0.1 m 左右），进行土壤消毒。

2. 扦插规格

按 6～8 cm 的间距，将消毒的嫩梢（枝、芽）、脚麻整齐地插入扦插沟内，扦插深度 3～5 cm，以叶不搭叶为宜，每亩苗床可育苗 9 万～10 万株。

3. 覆盖

扦插结束后，用 1%～2% 的多菌灵溶液把苗床淋一遍，

苎麻扦插育苗

随即插好竹拱并覆盖 200 cm 宽的农膜或遮阳网，以便调节苗床温度、湿度。

4. 苗床管理

适宜的温度、湿度是扦插育苗成功的关键。扦插后苗床的温度保持在 20～35℃，土壤含水量保持在 90%～95% 时，苗床湿润不发白，最适宜苎麻扦插苗生根发芽。扦插苗成活后，苗床的土

壤含水量保持在 85% ~ 90% 较好，以厢面土壤湿润不开裂、微微发白为宜。若气温较高可加盖遮阳网，从而减少阳光直射，降低苗床温度。若苗床温度仍然较高，可将拱膜两头揭开通风，以降低苗床温度。

5. 防治病虫害

扦插后 3 ~ 4 d 就可喷施多菌灵、甲布托布津或立枯净等溶液防治立枯病，喷施氧化乐果、敌敌畏等溶液防治虫害。苗床内若有落叶或死亡的扦插苗时，应立即捡除，并喷洒 1% ~ 2% 的多菌灵溶液杀菌。

6. 施肥除草

扦插成活后施入适量肥料，一般每次亩施腐熟人畜粪 30 ~ 40 担或尿素 2.5 ~ 3.0 kg。及时除去苗床杂草。

7. 揭膜炼苗

扦插 15 ~ 25 d 后，扦插苗长出细根 4 ~ 6 条时，可揭膜炼苗，首先揭开拱膜两端通风降温；1 ~ 2 d 后可完全揭除拱膜，白天盖遮阳网，夜晚露苗；炼苗 2 ~ 3 d 后拆除全部覆盖物。炼苗期间若苗床上的土壤比较干燥，要及时喷水，保持苗床湿润，以利于取苗。

苎麻扦插苗炼苗

8. 移栽

扦插苗长出 3 ~ 4 片新叶、株高为 20 cm 左右时，可选择在阴天或晴天傍晚带土起苗进行移栽。

三、苎麻压条繁殖技术

苎麻茎秆具有较强的再生能力。将苎麻枝条埋入土壤中，在适宜的肥水、温度、光照条件下，苎麻枝条会很快生根发芽，长成完整的植株。利用苎麻枝条生根发芽培育种苗的方法称为苎麻压条繁殖技术。苎麻压条繁殖技术多用于新栽麻园缺蔸、缺行时补栽。

（一）压条时间

四川麻园及周边地区 4—8 月时均可压条繁殖，苎麻头麻、二麻收获前后压条繁殖的效果最佳。

（二）压条环境

压条繁殖应选在排水畅通，可较好保持土壤湿度的沙土或沙壤土的麻地上进行。在春秋季压条繁育时因土壤温度较高，利于枝条不定根发生，压入土壤内的枝条易于发芽成活。压入土壤的枝条的生长需要一定的营养物质，所以应选择在新栽麻园、稀植麻园压条繁殖。除此之外，应在上述麻园的麻地四周进行压条繁殖。因为四周光照条件较好，压条成活率高。

（三）压条技术

苎麻植株中下部呈现褐色时，选择健壮、无病虫害的苎麻枝条，在距离麻蔸 6～10 cm 处，顺着茎秆弯下方向，用锄头开挖深6～10 cm、长视枝条长度而定的压条沟，施用有机肥并适量盖土。拟压枝条除保留顶梢上的少量叶片外，其余的叶片用手全部摘除，将枝条弯曲成 U 形慢慢压入沟内，用快刀划破枝条表皮且不伤害麻骨，将 10～15 cm 的顶梢露出地表并摘除顶心，其余全部盖土，用脚踏实，促进生根发芽。当枝条生根发芽长成多个植株后，将每个植株切离母体，带土移栽到新的麻地，或者留原地生长作为缺蔸、缺行所补栽的麻苗。

还可将成熟植株齐地割下，摘除叶片，埋入湿土，露出顶梢。待压条生根发芽成苗后，按苗切断，取苗移栽。这种方法也称为离体压条。

四、水培繁育技术

水培繁育技术是将苎麻嫩梢（枝、芽）放置于含有全部或部分营养元素的溶液中培养苎麻种苗的一种方法技术。

（一）幼苗的准备

用于水培的嫩梢（枝、芽）的选取、消毒等处理同扦插繁殖相同。

（二）设施设备

水培育前应准备的设施设备有：大棚设施、培养容器［包括水培架（槽）、水池或不透明的其他容器等］；带孔苗盘（也可用塑料泡沫板打孔自制，孔间距 8 ~ 10 cm）。用前应用 0.01% 的高锰酸钾溶液或 1% ~ 2% 的多菌灵溶液对它们进行消毒处理。

（三）营养液的配制

营养液的配方为：四水硝酸钙 945 mg/L、硝酸钾 607 mg/L、磷酸铵 115 mg/L、硫酸镁 493 mg/L、铁盐溶液 2.5 mL/L、微量元素 5 mL/L，pH = 6；也可采用四水硝酸钙 945 mg/L、硝酸钾 506 mg/L、硝酸铵 80 mg/L、磷酸二氢钾 136 mg/L、硫酸镁 493 mg/L、铁盐溶液 2.5 mL/L、微量元素溶液 5 mL/L，pH = 6。

其中，铁盐溶液与微量元素溶液的配方如下。

1. 铁盐溶液的配方

七水硫酸亚铁 2.78 g、乙二胺四乙酸二钠 3.73 g，蒸馏水

500 mL，pH＝5.5。

2. 微量元素溶液的配方

碘化钾0.83 mg/L、硼酸6.2 mg/L、硫酸锰22.3 mg/L、硫酸锌8.6 mg/L、钼酸钠0.25 mg/L、硫酸铜0.025 mg/L、氯化钴0.025 mg/L。

（四）培养

将配制好的营养液，按需要分别加入培养容器中。将带孔苗盘放置于培养容器上，并保留适度空隙以利通气；把消毒处理后的嫩梢（枝、芽）插入盘孔内，保持苗底端与盘底面距离3～5 cm，使根部充分浸入营养液中；装好后把培养容器放在阳光充足、温度适宜（20～25℃）的地方。

芒麻水培繁育生产现场　　　　水培苎麻的根

（五）加强管理

待营养液的液面降低时，要加营养液补足；要经常给营养液补充氧气；温湿度控制、病虫害防治同扦插育苗相同。

（六）移栽

一般水培12～15 d，根长5～7 cm时，即可移栽。

第五章

纤用苎麻高效栽培技术

第一节　麻园的选择与规划

一、麻园选择

苎麻是多年生作物，栽种后其宿根时期可为十几年、几十年，甚至百年以上。麻园的选择与栽培管理对苎麻产量影响很大。为了提高苎麻单产，需要建设土层深厚、疏松、肥沃，排灌便利和防风条件较好的麻园。同时麻园的地势和地形影响着麻园小气候，所以选择时还应注意地势、地形。

（一）地势和地形

1. 山地

在山地，由于山脉起伏，高低相差常为数百米，上下坡的气候和土壤变化很大，气温随海拔的上升而降低，土壤则随高度的增加而变得瘠薄多石。因此，在山地适于建设麻园的地带只有坡度较缓的山麓、山窝及山腰平地。在山地种麻时，要注意开好围沟和厢沟，做到有涝能排、有旱能灌。

2. 丘陵

在丘陵区，选择麻园时要以保水、保肥、防风害为前提注意坡向和坡度。坡向以南向和东南向最好，它们背风向阳，春季土温上升较快，有利于苎麻出苗和生长，但昼夜温差较大，麻苗易遭晚霜危害；北向当风，春季温度较低，导致苎麻出苗慢，且风害严重；西向旱季时日照较强，土壤水分蒸发大，对二麻、三麻生长不利。一般陡坡（20°~45°）和峻坡（45°以上）的坡度大，水土流失严重，土质瘠薄；斜坡（5°~20°）的坡度虽然减小，但水土流失仍然较严重；而缓坡（5°以内）水土流失少，有利于苎麻生长。

3. 平地

平地的地势比较平坦，水土流失少，土层较厚，土质较肥，适于苎麻栽培。但它的通风、日照和排水条件不及山地。因此，在平地建设麻园时要选择地势较高、地下水位较低的地方，以免渍水，引起败蔸。麻园的地下水位要在 1 m 以下，并根据地块大小开沟作厢，加速雨季排水速度，防止土壤含水过多、积水过久，造成麻蔸腐烂。同时应结合麻园建设，在麻园周围和道路、渠道两旁植树 2~5 行，组成一个防风林网，以减轻风害。

（二）土壤

土壤的理化性质与厚度对苎麻的生长发育影响较大。一般疏松土壤的排水通气良好，有利于根系发育。黏性重的土壤排水通气条件差，根系的生长受到影响，尤其是土壤渍水时，会引起麻株生长缓慢、麻叶变黄，甚至导致麻蔸早衰。若土壤含砾石过多，排水虽好，但土壤结构不良，根系不能向下发展，易遭旱害。

土壤受地势的影响也较大。在地势复杂的山坡地，一般随着坡度变陡，土壤土层变薄，砾石增多，有机质减少，肥力降低；平地的地形变化小，水土流失少，土层较厚，肥力较高。

苎麻对土壤适应性比较强，pH 值在 5.5 ~ 7.0 的土壤都适宜种植苎麻，黄壤土、红壤土、紫壤土、冲积土和砾质土都可以种植。但以选择土层深厚、土质疏松（松土层在 0.5 m 以上）、土壤肥沃（含有机质 1.6% 以上）、排水良好、背风向阳的地方建立麻园为好。

二、麻园的规划与建设

苎麻是多年生宿根作物，因此建立新麻园时要做长远规划。达州苎麻多种在丘陵山区，一些麻园地没有平整过，水土流失大，土层薄，肥力低，且大多没有排灌、防风设施。要想苎麻高产，首先要将麻园地平整，同时增施有机肥以培肥地力，增加排灌、防风设施，要因地制宜。麻园的规划与建设具体如下。

（一）麻园规划

麻园的大小、形状和方位等都要与地形、土壤和气候特点相适宜，并与道路、排灌系统等相适应。在丘陵山区，麻园面积大小视地形而异，形状可作带状长方形、平行四边形或者梯形，但长边必须与等高线平行。

（二）麻园的道路设计

麻园的道路分主路、支路和小路。在丘陵山区，主路不仅可以设计在丘陵的分水岭、山坡下，还可以沿干渠设计；支路修在梯田的两端，成斜行道或迂回道与主路相连；小路修在梯田的外侧与支路相交。

（三）麻园的排灌系统

麻园的排灌系统由主沟、支沟和小沟组成。主沟设在分水岭或山地的山坡上，将干渠的水引向支沟，主沟宽 1.3～2.0 m，位置高的话可以扩大灌溉面积；支沟设在支路的两边，宽 0.7～1.0 m，将主沟的水引向小沟；小沟设在梯土的内侧，宽约 0.3 m。干旱时不仅可以引水灌麻地，降水时还可将梯土的地表水和浅层水导入支沟、主沟，也可将上坡的径流导入支沟，流向山下。

不同地形的苎麻麻园

（四）整理麻园土地

整理丘陵山区的缓坡地时可沿水平方向耕翻，横坡地开厢栽麻，斜坡地要按等高线修建梯田，梯田的长、宽视坡度与地形而异，一般梯田宽 3～10 m、长 100～200 m，要求梯外作埂，梯内开沟，从而减少雨水冲刷，提高保水、保肥能力。

（五）建麻园

丘陵山区建麻园，必须是在保水、保肥、防风害的前提下，根据地形起伏不平、地块大小不一的特点，做好规划。道路、沟渠、粪池的设置，要便于运输、排灌和施肥。麻园面积大时，规划时还应选择适当地点设置贮粪池和堆肥积制的地方，便于肥料的积制和运输。山凹地种麻时，要注意开好围沟和厢沟，做到有涝能排，有旱能灌。

第二节　新栽麻园净作覆膜高产栽培技术

新栽麻园净作覆膜高产栽培技术，即将地膜覆盖技术用于新栽麻园栽培中，从而促进新栽麻高产的栽培技术。该技术可明显提高地温，争取早播，培育壮苗，提前移栽时间，同时不仅可以减少水分蒸发，提高土壤肥力，促进苎麻的生长和干物质积累，提高纤维产量，抑制杂草，降低生产成本，还有利于提高苎麻抵御干旱、低温等自然灾害的能力，实现"当年育苗移栽，当年高产高效"，成功地解决了新栽麻当年产量低、效益差的难题。其关键技术措施如下。

一、早育壮苗

苎麻常规种采用种蔸繁育，可在 12 月中下旬利用小拱棚育苗；杂交苎麻采用种子繁育，可在 1 月中下旬育苗。为确保麻苗健壮，注意选择肥沃、疏松、平坦和能排能灌的蔬菜地作苗床，要求整地精细，播种均匀，并对苗床和种源进行消毒处理。出苗后，注意气温变化，及时揭盖薄膜，防止麻苗受冻和高温烧苗；保持厢面湿润而不发白，发现缺水应及时补水，及时除草和间苗；视麻苗长势，追施少量速效肥；发现病害及时用药防治。

二、适时早栽

一般麻苗出现 7～9 片真叶时进行选苗分级移栽，其中麻苗晴天移栽的成活率较高。栽前开沟或者开窝深施底肥，亩施有机肥（土杂肥）2 500 kg、尿素 10 kg、复合肥 100 kg。栽苗时要求：苗直、根展、根土结合紧实，覆土到子叶。力争在 3 月底或 4 月初将麻苗移栽成活。

三、密植增株

一般亩植 2 500～3 000 窝，每窝 2 株苗，共计 5 000～6 000 株苗；种植时可采用宽窄行或等行距，规格为（90 cm＋50 cm）×30 cm 或 60 cm×30 cm。栽后应及时浇足定根水。

四、盖膜增温

栽后及时盖膜，盖膜后注意将膜的四周用土压实。若气温较高，应先将麻苗露出膜外；若遇低温寒潮，可用竹片将膜拱起。苗成活后用刀片等器具划破膜助苗穿孔而出。

五、加强管理

将麻苗移栽后要时时查苗补缺，确保全苗；及时追施提苗肥，前期追肥不宜过多，待须根长出 20～50 cm 时，亩施尿素 5 kg 加腐熟清粪水提苗。随着气温升高，病虫害开始发生，要及时预防，重点防治夜蛾，在夜蛾发生初期摘除幼虫集中的麻叶，并用相关药剂喷洒虫区。

黑色薄膜覆盖的新栽麻

六、适时破秆

一般在 6 月中下旬收破秆麻。苎麻主茎黑秆 1/2 以上，麻蔸催蔸芽长出时为最适破秆期。破秆后结合中耕揭去地膜。8 月中旬收二麻，10 月下旬收三麻。每收一季麻后及时追施足够的肥料，亩用尿素 10～15 kg，并配施适量磷钾肥，其余田间管理与一般新栽麻园相同。

管理得当的话新栽麻可当年收获原麻，8 月中旬可收获二麻，10 月下旬收获三麻。每次收获原麻后，应及时追施足够的肥料，亩用尿素 10～15 kg，并配施适量磷钾肥，并根据麻园情况中耕除草。

第三节　新栽麻园间套作栽培技术

一、新栽麻园"玉米—苎麻"套作技术

因前作（指某一种作物种植前所种的作物）、农事繁忙等原因，有的新麻会推迟到 5 月上旬至 6 月中旬移栽。因此，新麻移栽前土地空闲；新麻移栽后因麻苗前期生长较慢、植株矮小、有效株较少，空闲的新麻行间杂草生长迅速，这不仅会消耗麻地养分，还影响麻苗的生长。为充分利用土地资源，抑制麻地杂草的生长，提高麻园综合效益，增加农民收入，可采用"玉米—苎麻"套作栽培模式。

（一）品种的选择

为缩短玉米、苎麻的共生期，有利于新麻植株的生长，套作的玉米应选择株型紧凑、中上部叶片较短且上冲、生育期较短的早中熟玉米良种，如"达玉 5 号""川单 418""神龙玉 5 号"。

苎麻—玉米套作

（二）种植规格

"玉米—苎麻"套作采用宽窄行种植，宽行 120 cm，窄行 40 cm。窄行种植玉米 2 行，窝距 23 cm，亩植玉米 3 600 株左右；

宽行种植苎麻 2 行，窝距 27 cm，亩植 3 000 株左右。

（三）田间管理

1. 玉米

在玉米移栽前应深耕炕土，按套作规格作厢开沟，一般亩施尿素 20 kg、桐枯 80 kg、过磷酸钙 50 kg、锌 2.5 kg、硼 2.5 kg、复合肥 25 kg、镁 2.5 kg、锰 2.5 kg，开沟或开窝深施底肥后盖土。玉米采用育苗移栽，播种前应进行选种、晒种、催芽等处理，育苗时间、方式及技术与大面积生产相同。

若前作为苎麻，因老麻地地下害虫较多，前期应加强土蚕等地下害虫的防治，确保玉米苗全、苗齐，中后期应注意防治玉米螟，大、小斑病。因苎麻对某些除草剂比较敏感，在采用药剂防治玉米行间杂草时，应慎重选择除草剂。其他田间管理技术与一般玉米生产相同。

2. 苎麻

"玉米—苎麻"套作下新麻的移栽期比净作苎麻时延迟 1～2 个月。因此，苎麻常规种或杂交种的育苗时间也应适当推迟，以利培育健壮麻苗，缩短育苗时间，节省种苗成本。一般在 5 月底至 6 月上旬移栽麻苗。移栽麻苗时，尽量不损伤玉米植株，栽后一周检查麻苗成活情况，发现缺苗后应立即选用健壮麻苗补栽，确保苗齐。玉米收获后应及时中耕除草，施肥提苗和破秆。其他田间管理技术与一般新麻栽培相同。

二、新栽麻园"马铃薯—玉米—苎麻"间套作技术

可能因为在将种植时间较长的退化麻园的麻蔸（一般在三麻收获后）全部挖出，进行麻园更新时或者因为秋季作物收获后预

留的新麻地里，除种植少量蔬菜外，农民不愿种植其他作物而导致麻地空闲。也可能在原麻价格下跌时，因新麻产量较低，当年效益较差，往往推迟到5月上旬至6月中旬才移栽麻苗，于是前段时间麻地便空闲出来。在空闲的麻地上进行间套作种植，不仅有利于减少麻园生长杂草，还可以提高经济效益，增加农民收入。其中，"马铃薯—玉米—苎麻"间套作种植的经济效益较好。

（一）品种选择

马铃薯选用生育期较短，生长势较强，植株较矮、直立，分枝较少，块茎膨大早，结薯比较集中，茎块大、整齐，商品薯率较高，抗病毒病，品质优良的品种，如"达薯1号""秦芋30号"；玉米品种与"玉米—苎麻"套作时相同。

（二）种植规格

"马铃薯—玉米—苎麻"间套作采用宽窄行种植，宽行120 cm，窄行40 cm。在宽行内种植马铃薯3行，窝距33 cm，每亩种植马铃薯3 600窝左右；窄行种植玉米；马铃薯收获后移栽苎麻，规格与"玉米—苎麻"套作时相同。

（三）田间管理

1. 马铃薯

12月底耕地后开沟作厢，在宽行上开沟亩施优质复合肥100 kg、腐熟农家肥1 000 kg作底肥。1月上旬按间套作规格挖窝直播种薯，种薯较小的话则整薯播种，种薯较大的话则切块播种。马铃薯播种时根据土壤墒情，酌情施用清淡粪水灌窝，然后用土盖种，并喷施乙草胺等进行芽前除草，防止杂草生长，最后盖小拱膜保温保湿。植株生长较旺时可喷施多效唑等。其他栽培管理与一般马铃薯相同。

2. 玉米、苎麻

苎麻、玉米的田间管理技术与"玉米—苎麻"套作时相同。

三、新栽麻园"蔬菜—苎麻"间作技术

蔬菜具有生育期短、栽培简单、肥料投入较少、鲜菜价格较高、种植效益较高的优点，但鲜菜的保存期短，所以只适宜种植在城郊或交通方便的麻区，可以在新栽麻园间作蔬菜。

（一）选择适宜的蔬菜品种

因新栽麻园闲置期间的气温不稳定，冬末气温较低，春季升温快，倒春寒频繁，初夏温度较高，所以适宜种植的蔬菜不多。试验结果显示，在新栽麻园间作萝卜、莴笋、马铃薯、西葫芦等均可获得较好收益，萝卜、莴笋均应选择抽薹较晚的春性品种，西葫芦应选择植株较矮、节间短、雌花多、瓜密的早熟品种。

（二）种植规格

"蔬菜—苎麻"间作采用宽窄行种植，宽行 120 cm，窄行 40 cm，蔬菜在宽行内移栽。莴笋在宽行内种植 3 行，窝距 20 cm，亩植莴笋 5 000 窝左右；萝卜种植 2 行，窝距 20 cm，亩植萝卜 4 000 窝左右；西葫芦种植 2 行，窝距 63 cm，亩植西葫芦 1 300 窝左右；马铃薯的种植规格与"马铃薯—玉米—苎麻"间套作时相同。蔬菜收获后，种植苎麻，规格与"玉米—苎麻"套作相同。

（三）田间管理

1. 莴笋

1 月上旬在大棚或小拱棚内育苗，每亩新麻地约需莴笋种子 30 g、苗床 30 m^2。移栽前，亩施有机肥 2 000 kg、蔬菜专用肥

50 kg 作基肥。2 月下旬至 3 月初，莴笋苗有 3~4 片叶时移栽。莴笋生长期间注意防治霜霉病。其他管理与一般莴笋种植技术相同。

2. 萝卜

播前，每亩施用有机肥 3 000 kg、三元复合肥 30 kg。2 月中旬直播，每窝播种子 2~3 粒，播后细土盖种，地膜贴地覆盖，加盖小拱膜保温保湿，促进种子发芽。出苗后，及时破膜引苗出土。约 2 周后查苗补缺，2~3 片真叶时，间苗定苗，每窝留 1 苗。播后 20 d 左右萝卜开始破白时，用泥块压住薄膜破口四周，防止薄膜被顶起。立春后，根据气温变化，通过小拱膜的揭开与覆盖，调节小拱棚内温度，防止高温烧苗或低温危害。萝卜生长前期以保温为主，促进莲座叶生长，若土壤墒情较差，可选在晴天中午灌水。播后 30 d 左右第一次追肥，45 d 左右第二次追肥，每次亩用三元复合肥 25 kg。4 月下旬至 5 月上旬采收上市。

3. 西葫芦

2 月上旬播种育苗，催芽后在温室或大棚内用营养钵育苗。3 月上旬移栽，移栽前亩施农家肥 3 000 kg、三元复合肥 50 kg 作底肥，栽后用地膜贴地覆盖，加盖小拱膜保温保湿，促进幼苗的成活和生长。坐瓜前施肥 2~3 次，现蕾时，用 2，4 - 二氯苯氧乙酸加赤霉素涂抹花蕾，防止落花落蕾，提高坐果率，促进嫩瓜快速生长，4 月下旬至 5 月上旬采摘上市。其他管理技术与一般西葫芦栽培相同。

4. 马铃薯、苎麻

马铃薯与苎麻的田间管理与"马铃薯—玉米—苎麻"间套作时相同。

第四节　新麻破秆及管理技术

　　破秆是新麻栽植后的第一次收获，是苎麻持续高产的一个重要管理措施。破秆时期对后季麻生长影响很大，适时破秆，有利于麻蔸生长和丰产。破秆过早，麻蔸尚小且弱，影响生长；破秆过迟，当年收益减少。

　　破秆时期一般时间是在麻苗移栽 90 d 后，具体则应由季节和麻株生长情况而定。当新栽麻的植株长至 100～250 cm 高，麻秆基部 2/3 开始变成褐色，基部 2/3 的麻叶已经自然脱落，

新栽麻破秆

下部催蔸芽长出时，就达到了工艺成熟期，便可以进行破秆。

　　破秆方法：用快刀齐地地砍去麻秆。破秆时注意齐地，不要留桩，个别生长不好的麻蔸可延迟破秆或不破秆，进行蓄蔸，使麻园生长一致。

　　破秆后应及时中耕除草施肥，使麻芽苗壮生长，早生快发。中耕宜浅挖，铲除杂草，疏松土壤，促进麻苗吸收养分和生长发育，提高抗旱保肥能力，促进麻苗生长，提高原麻产量。破

秆当天就可除草施肥，亩施人畜粪 1 000 ~ 1 500 kg，尿素 5.0 ~ 7.5 kg。

第五节　成龄麻园优质高产栽培技术

　　成龄麻园一般指苎麻已栽 2 年以上，已进入壮龄期，地下茎与根系均十分发达，地上植株生长旺盛，茎秆高大粗壮，生长整齐，有效株多，原麻产量高的麻园。进入成龄后，麻蔸随着麻龄增长不断壮大，地下茎与根系分布整个麻园，引起土壤板结、肥力下降，同时地上植株因增多而密集，导致有效株减少，无效株增多，原麻产量下降，最终败蔸老化。因此，应根据成龄麻生长特点和土壤环境条件，进行田间管理，确保麻园持续高产稳产，延长麻园寿命。

一、搞好冬管

　　苎麻一年收多次，养分消耗较大，需要对土壤适当地补充营养物质，同时一年的田间作业，会造成麻园土壤板结，导致龙头根暴露在土面上，这会影响幼芽的生长发育。因此，利用入冬以后，苎麻地上部分的生长基本停止，地下部生长缓慢的空闲时期，对麻园进行冬季管理，为麻蔸创造一个肥、水、气、热良好的土壤环境，有利于提高来年麻园的原麻产量和质量，效果十分明显。

　　一般在 12 月下旬至 1 月上旬进行冬管比较适宜，麻园冬管的主要田间作业有如下：（1）中耕。一般麻园冬管时中耕的深度为20 cm左右，要求中耕时不伤龙头根、扁担根、萝卜根。注意丛生型品种宜深，浅根型散生品种稍浅；黏土深，沙土浅；行间深，兜边浅。（2）重施冬肥。一般冬肥用量占全年施肥量的一半以上，并且以有机肥为主，适当施用化肥。一般亩施人畜粪水1 500 kg、杂肥1 000 kg左右。冬肥施用方法有开窝、开沟深施和撒施，开窝、开沟深施可提高肥效，防止肥料流失。（3）培土理沟。培土对改良土壤，增厚土层，保护麻兜，促进发兜，增强麻株抗旱性、抗风性具有明显的效果。结合培土，培好边兜，确保边兜不露出土面。最后注意疏通麻园内水沟，达到沟沟排水畅通，雨后麻园无积水。

二、合理施肥

苎麻生长期长，一年收获多次，生物产量较高，因此成龄麻园的施肥特别重要，在重施冬肥的基础上，还应注意追肥及时、营养元素配制合理、季季肥料充足，这样才能实现三季原麻产量平衡、品质稳定。

一般追肥以氮磷钾肥为主，适当施用微量元素肥，全年亩施纯氮25 kg，磷10~15 kg，钾15~20 kg，头麻、二麻、三麻的施肥量分别为40%、30%和30%。头麻麻苗出齐前后应及时施用提苗肥，弱苗、矮苗多施，壮苗、高苗少施或不施，促进植株生长整齐。苗高30 cm左右时，重施一次壮苗肥，确保植株生长有足够的养分。二麻、三麻生长期间，气温较高，苗期生长快，要求在上季麻收获后立即追肥一次，麻苗封行前再施肥一次。成龄麻要适量补充锰、锌、铁等微量元素和植物生长调节剂，协调各养分元素的丰缺和比例关系，做到平衡施肥。可在苗期、封行期亩施 0.1% 的硼砂溶液 60 kg，生长期亩施含硫酸锰、硫酸锌、钼酸、硫酸铜等的 0.1% 的水溶液 60 kg，或施用适量的赤霉素和三十烷醇，酸性土壤可亩施石灰 50 kg。

三、抗旱防涝

苎麻虽有一定的耐旱能力，但干旱时间过长，会导致原麻产量明显下降。一般当麻园土壤含水量低于 18% 时，就要立刻灌水，但由于麻地淹水时间超过 36 h 就易引起烂蔸，故灌水时间不宜太长。

在夏秋多雨季节，要经常清理麻园内的排水沟，使其保持畅通，做到沟沟相通、雨停水干，以免雨季田

适宜收获的麻园

间积水过多，引起麻蔸腐烂而死亡。同时，可以通过加强麻园冬季培土、行间覆盖作物秸秆等减轻风害。

四、适时收获

苎麻收获期对当季和下季原麻的产量和品质均有一定的影响。麻茎 2/3 左右变为褐色，中下部叶片脱落，下季麻芽开始出土，试剥麻皮能到梢部时为最佳收获期。具体收获时间因品种和

气候而异,四川麻区的收获期:头麻为 5 月下旬至 6 月上旬,二麻为 7 月下旬至 8 月上旬,三麻为 10 月中下旬。

第六节 成龄麻园间套作栽培技术

充分利用苎麻行间和苎麻冬闲地的空间和时间资源,种植适宜的作物,提高麻园土地利用率,增加产出,以提高麻园产出经济效益。

一、麻园行间套作木耳技术

苎麻生长茂盛,植株高大,叶片较大、数量较多,覆盖较好,行间荫蔽,有散射光,温度偏低,湿度较大,适宜多种食用菌生长。在成龄麻园的行间套作木耳,可以增加麻园收益。

（一）栽培季节

一般 1 月上旬扩繁菌种;3 月上旬接种,培养菌丝;5 月上旬将菌袋移入麻园耳架。

（二）培养料配方

培养料中含苎麻麻骨粉 50%,杂木屑 30%,米糠 10%,黄豆粉 8%,蔗糖、石膏粉各 1%。调节培养料的 pH 值为 4.5～5.5,含水

苎麻行间套作木耳

量为 60% 左右即可。

（三）装袋灭菌

用 "17 cm×45 cm×0.04 cm" 的筒袋装培养料，每袋装料 400~500 g，装袋时轻拿轻放，以免破袋，装好后用细绳扎紧袋口。将料袋压成椭圆形叠放在灭菌锅内灭菌，100℃下灭菌 10~12 min。

（四）接种发菌

将灭菌的料袋适当冷却后移入接种室，降温至 28℃ 以下后接种。接种后将菌袋移入培养室培养，前 10 d 控温在 26℃ 左右，以后维持在 20℃；每天通风 2~3 次，每次 5~8 min；经常向培养室地面洒水，相对空气湿度保持在 60% 左右。

（五）搭架建棚

在麻地宽行间的地面上打木桩搭架，耳架高 20 cm，宽 30 cm，长随行定。头麻收获后至植株低于 100 cm 时，搭建耳棚，耳棚高 100 cm，宽 50 cm，上盖 75% 的遮阳网。

（六）耳袋开口

菌袋上架前，用 5% 的石灰水浸泡 1 min，干燥后去掉棉塞和颈圈，用绳子扎住袋口，用刀片在袋壁上下划出 10 个呈 V 或 X 形的耳口，长 1.5~2 cm，再将菌袋均匀平铺于耳架，耳口朝上。

（七）出耳管理

20~25℃ 最适宜木耳生长，初期耳袋的湿度保持在 60%~80%，出耳旺期将相对空气湿度提高到 90%~95%。通过盖膜、喷雾、洒水等调节温度、湿度。增大昼夜温差，刺激原基形成。经常检查菌袋，发现被污染的菌袋、菌块应立即清除。

（八）及时采收

耳片 5~6 cm 并充分展开时即可采收。采摘时用刀片连根割下，轻拿轻放，一般 2~3 d 采收一次。

其他管理技术与一般木耳栽培相同。

二、麻园行间套作平菇技术

一般选择在头麻收获后套作平菇，从而增加收益。

（一）原料及配方

原料为苎麻废弃物（麻叶、麻皮、麻骨的混合物）、稻草、油饼、过磷酸钙、石膏粉、尿素、牛粪，各原料质量比例为 50：50：17：7：7：1：67。

（二）装袋灭菌

将原料混合均匀后装袋，每袋装料 500 g 左右。装袋时轻拿轻放，以免破袋，装袋完成后用细绳扎紧袋口。将料袋叠放在高压灭菌锅内灭菌，灭菌温度控制在 121℃，持续灭菌 20 min。

（三）接种发菌

灭菌的料袋冷却后移入接种室，待降温至 28℃后，接种平菇菌丝。接种后将菌袋移入培养室培养，前 10 d 控温在 26℃左右，以后保持在 20℃；每天通风 2~3 次，每次 5~8 min；经常向培养室地面洒水，保持相对空气湿度在 60% 左右。

（四）搭建菇架及菌袋上架

在麻园行间搭建出菇架，建成高约 20 cm、宽约 30 cm 的棚架，棚架长度按麻园行间长度而定。顺着麻行采取"一行一架"搭建方式，搭两行空一行，便于田间管理。

接种后的菌袋里的菌丝长到袋底时即可上菇架，上架前用

5%的石灰水浸泡菌袋1 min，待干燥后去掉棉塞和颈圈，均匀平铺于菇架上，出菇口朝外，便于采摘。

（五）出菇管理

出菇温度保持在15～25℃，高温期时要通过空间喷雾、地上洒水来降低温度。初期相对空气湿度控制在60%～80%，出菇旺期时将相对空气湿度提高至90%～95%。平时可于早、中、晚向空间喷水，同时应勤检查菌袋，发现菌袋有污染时立即用刀剔除，如果菌袋污染面较大，应立即将菌袋拿出处理。

（六）采收及采收后的管理

出菇后20 d即可开始采菇，每采一潮菇后，间隔5～7 d再采下一潮菇。息潮时不宜向菌袋喷水，应根据菌丝及小菇的长势喷施适量的结菇水和出菇水。

三、成龄麻园冬闲地套作技术

十月中下旬苎麻收获后至次年二月底或三月初出苗前，中间有140 d左右的宿根期，我们把这段时间叫作苎麻冬闲期，此时的麻地称为苎麻冬闲地。为充分利用光、水等自然资源，提高土地利用率，在苎麻冬闲地行间套作短期作物，这样可以培肥地力，同时可以增加麻地产值，提高麻农收入。

（一）套作模式

1. "苎麻—蔬菜"套作

可选择当地适宜的蔬菜品种（如豌豆、萝卜、青菜、芥菜、茎用莴苣、大蒜）进行套作。

2. 和其他作物套作

可套作食用菌、香椿等经济作物。

（二）技术措施

1．套作地处理

将要套作的麻地的行间进行深挖和平整，不仅要重施底肥，还要注意杀灭病虫，做好播前准备。

食用菌套作前还要进行消毒处理。

2．田间管理

田间管理要求以苎麻为主，套种作物为辅。要因地制宜地选择适宜的套作作物，套作作物要能够早播、早收，尽量减少对次年头麻生长的影响。要协调好苎麻和套作作物共生期间的矛盾，实现平稳的增产增收。苎麻按一般成龄麻园正常管理，套作作物的田间管理略高于其大面积生产时的水平。由于冬季温度较低，为了提早收获，部分套作作物需要用拱膜覆盖。

（三）注意事项

关于成龄麻园冬闲地套作作物，应重点考虑它的品种及生育特性，应选择早发、耐低温、抗病性强的优良品种。另外套作作物不能紧靠麻蔸，以免损伤龙头根、扁担根等，引起败蔸；套作作物收获后，应及时加强麻地管理，搞好中耕除草，施足肥料，保证不影响苎麻后续的生长及产量。

成龄麻园冬闲套作蔬菜

第七节　麻园抗旱防涝技术

苎麻需水较多，干旱对苎麻产量影响极大，但又怕渍怕淹。苎麻遭洪水淹没时，生长点腐烂，顶端发生分枝，麻皮带红色，会导致严重减产，甚至全无收获；苎麻遭渍水或地下水位过高时，麻株生长矮小，叶色带黄，麻蔸变红、腐烂，造成败蔸。田间持水量为70%~80%时即可满足苎麻正常的生长发育。四川麻区一般头麻时气温低、降雨多，能满足苎麻生长，但二麻和三麻时的伏旱或秋旱易影响苎麻生长，导致严重减产。因此，做好麻园的水分管理，使土壤保持适宜的墒情，有利于促进苎麻生长，可以提高苎麻产量和品质。

一、抗旱

当久旱不雨后土壤含水量低于18%、苎麻叶片开始萎蔫时，就要引水灌溉，这个措施的增产效果十分显著。一般大旱每隔7~10 d灌水一次，小旱隔半个月灌水一次。头麻、二麻收获后用野草等覆盖麻地也是有效的防旱措施，可增加土壤的含水量。此外，可以采取以下措施增强苎麻的抗旱能力。

（1）适当早收头麻，使二麻的苗期躲过旱季。

（2）二麻、三麻苗期时多次追施农畜粪水和少量氮肥，使其提早封行。

（3）生长期除净杂草，雨后及时松土，以保蓄土壤中的水分。

（4）施足冬肥（有机肥），增施磷钾肥。

（5）冬季培蔸，使龙头根不突出地面。

（6）培土时根据土壤性质，采用不同土壤培蔸。

（7）选栽抗旱品种。

（8）开辟梯土栽培。

二、防涝

防涝的方法：做窄畦、高畦，多开排水沟，常年要注意疏通排水沟，做到沟沟相通、明水排尽、暗水滤干、麻土无渍水。同时麻地保持平整，以免低处积水。

第八节　麻园防风抗倒技术

风害因季节不同而有不同特点。在头麻生长的前中期，强劲的北风往往伴随着大幅度降温，对苗期生长不利。二麻怕"火南风"，在土壤干旱和空气干旱并发时，嫩梢"油尖"会老化，叶片会很快卷缩脱落。9月中下旬以后，"寒露风"对纤维素的积累不利，影响原麻产量。

苎麻的茎秆细、植株高，容易遭受大风危害，以致叶片被擦伤，严重时可致茎秆被折断或倒伏。防风抗倒的有效措施主要如下。

一、种植地选择

选择在背风向阳地栽麻，具有一定的防风效果。

二、设保护行

设保护行是防风抗倒的最有效的措施。具体做法是在麻地四周栽两三行树，树种应选择生长快、常绿、直向伸展快、横向伸展弱、遮阳不大的水杉、女贞、白杨等树种，或者选择柑橘树、枇杷树等果树配合高大挺直的白杨等树种种植。

三、设挡风墙

防风树未成林时，利用芦苇、细竹稀疏地编成挡风墙，也有一定的防风作用。

四、冬季培土

冬季培土时使龙头根埋在土里，这样由龙头根发生的茎秆经得起风暴，即使受风吹倒，也可以扶起。

五、选用抗风品种

不同品种的抗风性不同，应选用抗风品种。比较抗风的品种有"川苎11""川苎16""川苎12"等。

六、增施钾肥

增施钾肥有利于麻蔸的生长，使茎秆发育得粗壮，减少植株倒伏。

七、适当密植

苎麻种植得过稀或过密都容易在经大风袭击后造成倒伏，合理地密植不仅有利于苎麻的通风和光照，也有一定的防风能力。

第九节 老麻园的更新复壮技术

由于老龄麻地下茎过于拥挤，老麻园栽培管理不善或受自然灾害等影响，麻园内部分麻蔸会老化腐烂，同时还会导致地下茎发芽能力弱，植株矮小，出麻率低，抗风抗旱性弱，病虫害多，产量低，成熟迟。低产老麻园更新复壮技术是针对老龄麻生产力下降的问题，采取一系列技术措施以提高老龄麻园生产能力，延续麻园寿命，确保持续高产稳产的措施与技术。老麻园更新复壮的技术要点如下。

壮龄麻园

一、正常老麻园的更新复壮

地下茎过于拥挤的老龄麻园，可以采取分蔸、抽行等部分更新或者全面翻蔸的方法，使群体结构趋于合理。

二、败蔸老麻园的更新复壮

应根据不同情况采取相应措施。地下根茎因害虫而败蔸的，除了加强培育管理外，彻底防治地下害虫成为复壮措施的关键。由于渍水而败蔸的，首先做好防渍排水工作，加深排灌水沟，宽畦改窄，年年培土，降低地下水位。败蔸过于严重的，地下根茎普遍衰败、分株少、生长细弱、产量很低、无法好转的，应翻蔸重新栽植。由于病害（如白纹羽病）严重败蔸的，翻蔸后还需轮作 4 ~ 5 年，再种苎麻。

同时，更新复壮时，应注意病虫害的防治、烂（坏）麻蔸的剔除。

第十节　苎麻收获与剥制技术

苎麻的收获时间、收获方式等直接影响原麻的产量和质量，具有较强的技术性。手工收获仍是目前使用最多的收获方式，但近年来，利用机械收获苎麻的数量逐步增多。

一、苎麻的适宜收获期

苎麻的工艺成熟期是最佳收获期，苎麻达到此时期时应及时抢收。如收获过迟，则腋芽发育成分枝，剥麻困难，纤维粗硬，木质素增加，这不仅会影响当季原麻的产量和质量，还会影响下季麻的生长和产量。若收获过早，会导致纤维发育不良，麻皮薄，剥麻不能到顶，出麻率低，纤维强力低，也会影响原麻的产量和质量。

在伏旱比较严重而灌溉条件又不好的麻区，可以适当早收头麻，以促进二麻早发，使二麻早熟。然后二麻抓住季节收获，使三麻的旺长期在 8 月中下旬，麻苗猛长迅速，季季高产。三麻可以适当迟收一些。

二、手工收获与剥制技术

苎麻的手工收获与剥制技术就是借助手工刮麻刀、72 型刮麻器等工具收获原麻。

手工收获要做到"四快"，即快剥麻、快砍麻、快锄草、快追肥。快剥麻是"四快"的关键，快砍麻、快锄草、快追肥是二麻、三麻增产的基础。

（1）快剥麻。除提高剥麻技术和挖掘劳动潜力外，还要做到先收新麻，后收当龄麻，先收倒伏的麻，后收未倒伏麻。

（2）快砍麻。苎麻收获后，及时砍掉剥皮后残留的麻骨，这样有利于快锄草和快追肥。砍秆的高度应离地面 3 cm 左右。工具刀一定要锋利，砍秆速度一定要快，以免带动麻蔸，影响幼苗生长。

（3）快锄草和快追肥。麻秆砍掉后，应尽快锄草和追肥，以有利于后麻的生长。

苎麻的手工剥制技术包括剥皮、浸水、刮麻及干燥等环节，对原麻的产量和品质影响很大。

（1）剥皮。苎麻剥皮有扯剥法与砍剥法两种，但我国大多数麻农采用扯剥法，直接在麻地完成麻骨与麻皮的分离过程。砍剥法就是将麻秆整齐地收割后再剥皮的过程。剥皮时将麻皮剥成宽窄均匀的两片，不能粘有麻骨。

（2）浸水。剥下的麻皮要及时浸水，使麻壳变脆，促进麻壳与纤维的分离，并浸洗掉麻皮上的污泥和部分浆汁，一般浸 1 ~ 2 h 即可。

（3）刮麻。一般采用 72 型刮麻器或手工刮麻刀。刮麻时只能一片片刮，麻皮要分正反。

（4）干燥。刮好的湿麻要及时干燥，以防霉烂变质，影响拉力和色泽。收剥最好选在晴天进行，争取当天剥制的麻当天晒干，晒麻要选择通风向阳的地方，雨天刮好的麻须及时烘烤。一般原麻的含水量不能超过 13%。

三、机械收获与剥制技术

苎麻的机械收获与剥制技术就是利用苎麻割秆机收割麻秆，再用剥麻机械去掉麻秆的麻骨、麻壳的过程。目前生产上使用的苎麻割秆机主要是农业农村部南京农业机械化研究所研发的手扶式割秆机和履带式割秆机，剥麻机械主要有中国农业科学院麻类研究所研发的反拉式剥麻机和直喂式剥麻机两种。

使用剥麻机械的注意事项有：开机前须仔细检查机械，扭紧螺栓，用手拨动滚筒听是否有碰撞声，并将机械安置于平稳的地面上，先开机空转 3 ~ 5 min；每次喂入适量的茎秆（粗茎 4 ~ 5 根，中等茎 5 ~ 6 根，细茎 7 ~ 8 根）；操作时要集中注意力，安全操作；若出现机器缠麻或其他故障，应松手将麻秆放开，立即停机，再将麻秆清理排出；每次操作结束后，应清理机械，进行保养并妥善保管。

直喂式剥麻机

反拉式剥麻机

饲用苎麻高产高效种养殖技术

苎麻的茎叶营养丰富，富含粗蛋白、类胡萝素、维生素 B_2 和钙。据试验表明：苎麻幼嫩茎叶的干物质中粗蛋白含量为 22% 左右，高的可达 25%，其中可消化利用的蛋白占粗蛋白的 96% 左右，具有高钙（4.5% 左右）、高粗灰分（14% 左右）、低粗纤维（18% 以下）的特点，是优良的植物性蛋白饲料。并且它还含有大量的生物活性物质，具有良好的保健功能，如它的绿原酸含量可达 0.35%，多酚类物质含量可达 0.15%，熊果酸含量可达 760 mg/kg。苎麻在南方地区高温高湿的环境下生长良好，又能多次收获，且茎叶产量极高，因此可作为当地的饲料作物，应用前景广阔。

第一节 饲用苎麻栽培技术

一、选择适宜的品种

应选择发蔸快，前期生长旺盛，再生能力强，茎秆纤细，麻皮较薄，叶肉厚实，叶片大、数量多，叶茎比高，耐肥力强，适宜多次收割，高抗炭疽病、花叶病的苎麻品种。达州市农业科学研究院选育的饲用苎麻品种有"川饲苎1号""川饲苎2号""川饲苎3号""川饲苎4号"，这些品种可在长江流域种植。

二、麻地的选择

饲用苎麻麻园的规划与建设和纤用苎麻的相同。苎麻喜爱阳光，怕渍，不耐旱，抗风性弱，但对土壤酸碱度的要求不高，pH值为5.5~7.0均可种植。但为获得高产，宜选择在土层深厚，土壤疏松、肥沃，排灌良好，背风向阳的土地上种植。

三、施足基肥

移栽麻苗前，一般亩施土杂肥3 500~4 000 kg、腐熟人畜粪2 000~2 500 kg或腐熟饼肥75~100 kg、过磷酸钙25~30 kg、尿素10 kg、复合肥10~20 kg作底肥，开沟或开窝深施。

四、早育早栽

现有饲用苎麻为常规种，只能采用扦插等无性繁殖方式繁育无性苗，然后移栽。长江中下游麻区，可在3月中旬至5月下旬或9月中旬至10月下旬，选晴天下午或阴天移栽。移栽前，浇湿浇透苗床，带土取苗，随取随栽。

饲用苎麻净作和套作时的种植规格不同。饲用苎麻净作时的种植规格为：平坝和土层深厚的地块可采用等行距 [55 cm ×（35~40 cm）] 或宽窄行 [（80 cm + 30 cm）×（35~40 cm）] 种植；坡地和瘠薄的地块可采用等行距 [50 cm ×（30~35 cm）] 或宽窄行 [（70 cm + 30 cm）×（30~35 cm）] 种植；2苗/窝。饲用苎麻套作时的种植规格为（一般为"苎麻—青贮玉米—黑麦草"套作，青贮玉米收获后种植黑麦草）：青贮玉米宽窄行〔（150 cm ± 5 cm + 20 cm）×25 cm〕种植，1 苗/窝；苎麻种植于玉米宽行间，规格为 50 cm × 40 cm，2 苗/窝；黑麦草条播，行距 30 cm，每亩用种量为 1.5 ~ 2.5 kg。

栽后浇透定根水后覆盖地膜，促进麻苗成活与快速生长。

五、田间管理

移栽完麻苗后，注意查苗补缺，并少量多次追肥。移栽后 15 d 左右第一次追肥，一般每亩施尿素 8 kg，以后每 20 d 左右追施一次，每次亩施尿素 10 kg、过磷酸钙 20 kg、氯化钾 20 kg。

每次收割后，均应及时中耕除草与追肥，每次亩施尿素 20 ~ 30 kg。

下雨后要及时检查田间排水情况，防止麻蔸受渍腐烂。

六、收获与冬管

为确保麻园持续高产，新栽麻当年主要是要加强田间管理，积累养分，促蔸生长，不宜多次收获。3—5 月移栽的新麻一般年收获 2 次，上年 9—10 月移栽的新麻一年可收获 2 ~ 3 次。

成龄麻园可在植株长到一定高度时予以收割，一般新麻种植 3 年以上就可以年收 8 ~ 10 次。为确保获得最佳的产量和营养，苎麻收割的高度因月份不同而有差异，一般为：4 月底前收获高度为 125 ~ 135 cm；5—9 月底前为 75 ~ 85 cm；10—11 月底前为 105 ~ 115 cm。

饲用苎麻的冬季管理与纤用苎麻的相同。

第二节 饲用苎麻嫩茎叶的青贮技术

苎麻的嫩茎叶是一种十分重要的饲草来源，有研究表明，苎麻嫩茎叶的营养价值与紫花苜蓿的相近。苎麻嫩茎叶的年产量大，营养成分结构合理，因此苎麻已成为我国南方地区重要的植物性蛋白饲料来源。

达州市农业科学研究院培育的"川饲苎1号""川饲苎2号""川饲苎3号""川饲苎4号"等饲用苎麻品种生长旺盛，发蔸及再生能力强，耐割性能好，营养成分丰富。一般情况下，这些品种的嫩茎叶干料年亩产量为1.2~1.5 t。这些品种的耐肥能力强，在高肥水条件下更能发挥其增产潜力；前期生长快，适宜一年多次收割，在长江流域可年收割7~9次。营养价值高，其植株高度为65 cm时收割的幼嫩植株的茎叶干物质中，"川饲苎1号"含粗蛋白23.8%、粗脂肪24 g/kg、粗纤维素13.7%、粗灰分15%、钙3.69%、维生素 B_2 18.3 mg/kg、氨基酸17.82%；"川饲苎3号"含粗蛋白25.5%、粗脂肪1.9%、粗纤维素12.2%、粗灰分16.6%、钙5.81%、维生素 B_2 299 mg/kg、氨基酸19.17%。

苎麻的嫩茎叶可做鸡、鸭、鹅、鱼、猪、牛、羊、兔等的饲料直接喂养，饲用效果不错。但由于苎麻茎叶易于老化、纤维化，为保存其良好的饲用价值，应及时收割、青贮保存，既利于对苎麻茎叶资源的充分利用，也有利于动物饲草四季均衡供应，防止经常换草给动物生长带来不利的影响。

苎麻嫩茎叶青贮技术就是将苎麻嫩茎叶及其他饲草和青贮添加剂等置于密封的青贮设施设备中，在厌氧环境下进行的以乳酸菌为主导，抑制有害微生物存活，降低酸度，长期保存的发酵过程。该技术的要点如下。

一、适时收割

饲用苎麻一般采用整株收割，一般一年可以收割 7～9 次，鲜草亩产量为 9～10 t，干物质亩产量为 1.2～1.5 t。

二、青贮前的准备

根据饲养规模和设施条件选择青贮容量和青贮方式；青贮前，清理青贮设施内的杂物，检查青贮设施的质量，如有损坏及时修复；检查各类青贮用机械设备，确保运行良好；准备青贮加工所需材料。

三、青贮料准备

（一）准备饲用苎麻

苎麻的嫩茎叶收割后，经日晒或风干使其含水量降至 60%～65%（一般用手握紧切碎的原料，以指缝间有液体渗出而不下滴时为宜，如湿度不足，可在原料中加少量水拌匀后青贮；若湿度过大，可将原料适当晾晒后再青贮）。然后将其铡成碎段，其中拉伸膜裹包青贮切碎长度为 2～3 cm，窖贮的切碎长度要小于 2 cm。

（二）准备其他材料

准备饲用玉米秆、高粱秆、禾本科牧草等原料，通过日晒或风干降低它们的含水量（窖贮的含水量降至 60%～65%；拉伸膜裹包青贮的含水量降至50%左右）；切碎长度为1~2 cm。

（三）调制

青贮原料必须含有丰富的可溶性碳水化合物，由于饲用苎麻含糖量少，青贮不易成功，所以为了将饲用苎麻调制成品质良好的青贮料，可采用纯饲用苎麻加糖青贮法、与易青贮原料混合青贮法等方法。

1. 纯饲用苎麻加糖青贮法

在青贮时加入1%~3%的糖蜜，即可将饲用苎麻调制成品质良好的青贮料。糖蜜用制糖工业的废糖料，含有糖分55%~60%，如无糖蜜时，可用谷实类的粉末（如玉米粉）代替，也可收到良好的效果。

2. 与易青贮原料混合青贮法

将饲料苎麻与饲用玉米秆、高粱秆或禾本科牧草等混合青贮。

四、科学青贮

（一）窖贮

1. 建窖

窖址应选在地势高、土质坚硬、排水性良好、周围无污染源、易管理的地方。窖的容积根据需要青贮饲草的数量而定，一般每立方米贮草350~500 kg，1头牛年需青贮饲草10~12 m³。青贮窖的形状以长方体为好，深度2~3 m，宽度2~3 m，长度根据所贮草量多少而定。短期利用可用土窖，长期利用最好用砖砌水泥抹面为宜，窖底里高外低，并在取草端地面挖一个直径50 cm的渗水坑。

2. 装填

调制好的原料不可在室外晾晒过久，最好随切随装。装料前，在土窖或水泥面砖窖四壁及窖底铺一层塑料棚膜，后将原料逐层装入，每当装入 20 cm 厚时，可用人踩、石夯、拖拉机碾压等方法，将原料压实，特别注意将窖壁及四角附近压实，装窖最好在 1 d 内完成。

3. 密封

原料装到超过窖口 50~60 cm 时，使原料中间高四周低，呈球形，然后在原料上面铺 20~30 cm 厚的干麦草或用塑料棚膜盖严，之后再在塑料棚膜或干麦草上压 40~60 cm 厚的湿土，拍实，随后经常检查，如有下沉或裂缝应立即修填拍实。在窖四周距窖口 0.5 m 处挖好排水沟。

（二）袋装青贮

将调制后混合均匀的原料灌装入密封良好的塑料袋或青贮袋中，然后压实排除空气，扎紧口袋（有条件时最好抽气），最后将袋装青贮整齐地堆放在干燥通风处，最好放在室内或棚内。露天存放需覆盖，以防止阳光暴晒和雨淋。

（三）拉伸膜裹包青贮

将调制后混合均匀的原料及时打捆包裹，防止雨水淋湿。在裹包、搬运、保管过程中防止拉伸膜损伤。最后将其整齐地堆放。

五、合理饲喂

封口 30~40 d 后，便可启封饲喂。饲喂前应检查青贮饲草的品质，若青贮料具有酒香味，颜色为黄绿，手感柔软不黏，即可饲喂;若颜色黑褐色,发霉结块,手感松散发干,则不能饲用。取用时从向阳一头启用,用多少,取多少,每次取料完成后立即封严压实包装,防止二次发酵。由于苎麻叶上有细毛,牛不太适应,第一次饲喂苎麻时,过渡期可以安排 3 ~ 5 d,同时饲喂量要由少到多逐步加量。

由于苎麻的粗蛋白含量高,所以在精饲料的配方中可适当降低豆粕等蛋白质饲料的含量,以达到节约成本的目的。

原麻剥制与副产物收集　　副产物晾晒　　与其他作物秸秆混合圆捆

青贮蛋白饲料外观品质　　青贮蛋白饲料　　塑料拉伸膜裹包或窖藏

苎麻副产物生产青贮饲料的技术流程

第三节　饲用苎麻嫩茎叶的加工技术

几千年来,苎麻的纤维用途已得到有效利用,现在人们逐渐认识到了苎麻的饲用价值,苎麻的嫩茎叶中营养丰富且全面。饲用苎麻的嫩茎叶为了便于运输和储藏，必须通过加工处理，苎麻饲料加工技术有如下几种。

一、饲用苎麻青贮饲料加工技术

适用于小规模的农户或饲养场。苎麻嫩茎叶收割后，经日晒或风干使其含水量降至60%左右，然后通过适当的方式贮藏，这样不但可以长期保持青绿饲料的营养特性，而且可以改善其适口性，消化率高。

饲用苎麻嫩茎叶的青贮一般采用窖贮。装填前应对原料水分含量进行调节，青贮时的最高水分应严格控制在60%，调制的半干青贮、混合青贮的水分含量以50%为宜。一般将青贮原料用铡草刀铡成2~3 cm长的小段，半干青贮调制时，苎麻切断长度以0.65 cm为宜，以提高其乳酸含量及干物质的消化率。

二、饲用苎麻草粉、草块加工技术

将苎麻的嫩茎叶用切割机切碎，然后晒干或烘干至含水量为12%左右，用粉碎机粉碎成草粉或在切割后压成草块。可利用冷压技术将切碎的原料压制成草块，在压制过程中，可根据需要加入部分精料，以及尿素、矿物质等。草块加工机械可选用9KU-650型干草压块机等压粒压块成套设备，该类型设备不仅可以将新鲜苎麻直接加工成草块，还可以将收割的新鲜苎麻切成2~5 cm长，输入干燥器内使水分降至15%左右，再均匀地输送到压块机内压制成块，压制后的草块，体积可缩小到原来的5%，既可保留饲料的营养，又便于储存、运输和机械化饲喂。

三、饲用苎麻颗粒饲料加工技术

以苎麻草粉为主要原料，加入玉米粉和其他预混料，用制粒机制成直径 12 mm 左右的颗粒饲料。

第四节　饲用苎麻的喂养技术

我国是全球第一大苎麻生产国。苎麻种植表现出量大、质优和一年种植、多年受益的特点，而且生长季超过 7 个月，是我国南方畜禽业的优质蛋白饲料。

一、饲用苎麻园肉鹅放牧养殖技术

该技术以麻园划区、集约轮牧和减量补饲为主要特征，每亩载肉鹅 80～120 只，在保持生产性能稳定的条件下，肉鹅可在 7～50 日龄等主要生长时期节约约 50% 的精饲料。

（一）合理规划麻园

选择排灌方便、背风向阳、土壤疏松的地块作为麻园。同时为放牧方便，肉鹅养殖场周边地块也可种植苎麻。

（二）放牧时间

饲用成龄麻园内苎麻的株高生长到 50 cm 左右时即可放牧，此时恰好可以达到肉鹅采食与苎麻最佳生产状态相契合的目的。

当肉鹅的鹅龄为 16 日龄左右（以开江白鹅为例）时即可放牧，每亩可放牧 80～120 只。放牧麻园合理分区，各小区每个月放牧5~6 d，每天4 h（上午、下午各2 h）。一般情况下，麻园每月轮换一次，在四川丘陵地区一年可轮换8次左右。

（三）其他饲料补充

放牧期间，每天早上放牧前和晚上放牧后，按照常规舍养方式50%的量补充精饲料。

出栏前10~15 d进行舍养育肥（一般肉鹅50~55日龄）。

（四）麻园肥水管理

每次休牧后，割掉麻园内残留植株，然后进行中耕松土、施肥。施肥以施有机肥（腐熟农家肥）为主，亩用1 000 kg左右，适量施入氮肥、磷钾肥，亩用尿素15~20 kg、复合肥25~30 kg。

二、饲用苎麻肉兔养殖技术

（一）苎麻粉混合饲料饲喂肉兔技术

1. 苎麻粉的制作

以饲用苎麻的嫩茎叶为原料，经干燥、粉碎后加工制成的粉状成品。

2. 苎麻粉混合饲料配方

按苎麻粉在饲料中的添加量为8%~24%的标准添加苎麻粉制作混合饲料。混合饲料营养成分具体为：粗蛋白15%~16%、粗脂肪2%~4%、粗纤维16%~18%、消化能10.46~11.39 MJ/kg、钙1%~1.2%、磷0.5%~0.6%。

3. 饲喂方式

在补饲中使用苎麻粉混合饲料，每天饲喂1~3次，喂量按肉兔体重的8%左右饲喂，同时肉兔自由饮水。

4. 注意事项

苎麻粉在保存过程中要避免发霉变质；苎麻粉混合饲料中应添加抗球虫药物；在育肥期间，饲喂苎麻粉混合饲料时，不能饲喂青绿饲料。

（二）苎麻鲜茎叶饲喂肉兔技术

1. 苎麻鲜茎叶的处理

饲用苎麻茎秆生长至65～70 cm高时，茎秆用利刀刈割离地面10 cm处，随后将其置于干净处（防止其混有杂泥沙或其他腐败发霉物质）。

体重在1.5 kg以下的肉兔，鲜茎叶含水量晾晒至60%～70%时再进行切断饲喂；体重在1.5 kg以上的肉兔，鲜茎叶表面的露水或雨水晾干后即可切断饲喂。

茎秆切段长度为3～4 cm。

2. 饲喂方式

从补饲至断奶，每天饲喂苎麻粉混合饲料2～3次，补充饲喂少量的苎麻的鲜茎叶。

从断奶至出栏，苎麻粉混合饲料的饲喂量按全部饲喂苎麻粉混合饲料用量的80%～90%，苎麻鲜茎叶自由采食。

3. 注意事项

苎麻鲜茎叶在晾晒过程中应避免发霉变质。

苎麻病虫草害防治技术

第一节 苎麻病虫草害综合防治技术

苎麻病虫草害的种类较多，主要病害有白纹羽病、根腐线虫病、炭疽病、褐斑病、角斑病、花叶病等；主要虫害有夜蛾、赤蛱蝶、黄蛱蝶、天牛、金龟子等。

一、防治原则

苎麻病虫草害综合防治技术按照"预防为主，综合防治"的植物保护方针，坚持以农业防治、物理防治和生物防治为主，化学防治为辅的无害化治理原则。该技术的主要内容为：加强苎麻的栽培管理，改善苎麻的生态环境，选用抗病虫草害的优良品种，注意保护害虫的天敌，并综合应用各种防治措施。

二、综合防治技术

（一）植物检疫

严格建立植物检疫制度，防止危险性有害生物随植物及其产品人为传播。

（二）农业防治

苎麻病虫草害综合防治技术中农业防治的具体措施为：选用抗病虫草害能力强的优良品种；搞好麻园清洁，及时铲除麻园内外杂草，将病、残体集中销毁或深埋，减少初侵染源；加强田间肥水管理，搞好麻园的排水系统，避免积水；氮肥、磷肥、钾肥应合理搭施，避免偏施氮肥；增施有机肥和复合微生物肥，促进苎麻植株健壮生长。

（三）物理防治

物理防治就是利用各种物理因子、人工和器械防治有害生物的植物保护措施。苎麻病虫草害综合防治技术中物理防治的应用如下。

（1）灯光诱杀。利用害虫的趋光性，在其成虫发生期，田间每隔 150～200 m 设 1 盏黑光灯或频振式杀虫灯，灯下放大盆，盆内盛水并加少许柴油或煤油，诱杀苎麻夜蛾、金龟子等飞虫。

（2）食饵诱杀。利用苎麻夜蛾、金龟子等害虫对糖、酒、醋的趋性，按照糖:醋:酒:水 = 6:3:1:10（或糖:醋:水 = 4:2:1 或糖:食醋:白酒:水 = 3:6:1:9）的比例调制诱捕液，在诱捕液中加入 0.3%～0.5% 的敌百虫晶体或敌百虫可溶性粉剂，进行诱杀。

（3）潜所诱杀。利用不少害虫具有选择特殊环境潜伏的习性，可以诱杀害虫。取 20～30 cm 长的榆、杨、槐的带叶枝条，将枝条基部泡在内吸性杀虫剂中，10 h 后取出枝条捆成把堆放，可诱杀金龟子。

（4）人工捕杀。用于发生轻且为害中心明显或有假死性的害虫的捕杀，如苎麻天牛、金龟子等。

（四）化学防治

利用低毒、低残留的化学药剂来有效防治病虫草害的方法就是化学防治。利用化学防治手段控制病虫草害在生产上发挥了巨大作用，也是目前广泛应用的病虫草害防治手段。将种子浸入一定浓度的药剂中或与药剂拌和，可以有效防治部分病虫草害。

（五）生物防治

生物防治就是利用有益生物及其产物控制有害生物种群数量的一种防治技术。如利用青虫菌与金小蜂等寄生蜂防治苎麻叶面的害虫，利用绿僵菌防治苎麻的地下害虫等。

三、注意事项

在对苎麻病虫草害进行综合防治时，除考虑综合防治手段对某一病虫草害的作用外，还要注意到它对整个麻田甚至周围其他病虫草害所产生的影响；既考虑当前的防治效果和经济效益，也要考虑长远的生态效益和社会效益。同时，必须结合当地的实际情况，因时因地制宜地结合生物技术、物理技术等，制定出切实可行的实施方案。

第二节　苎麻主要病害及防治技术

一、苎麻根腐线虫病

苎麻根腐线虫病是导致苎麻败蔸，造成其单产不高的一种主要病害。该病在全国各主产麻区均有分布，其中以长江流域麻区发病最重。发病中等的麻园产量损失 20%～30%，严重受害的麻园可能失收。

（一）症状

苎麻根腐线虫病是由短体线虫引起。其主要为害表现在苎麻地下部分，特别是萝卜根。初期根上有呈黑褐色不规则小斑，稍凹陷，后渐扩大为黑褐色大病斑，并深入木质部使之变成黑褐色海绵状朽腐，

苎麻根腐线虫病

质地疏松似糠状，手捏成粉。而被害麻蔸地上部分的表现则是分株较少，麻株矮小，叶片发黄，干旱时整个植株凋萎，甚至死亡。

（二）传播方式

短体线虫以卵、幼虫和成虫在土壤或感病寄主根部中越冬，

成为第二年的新侵染源。当土壤温度达 10℃ 时各虫体相继发育而为害寄主。随着麻龄的延长，苎麻根腐线虫病有加重的趋势，其中土质疏松、施土杂肥多的麻地发病较重。土中病源短体线虫可通过麻蔸表皮侵入麻蔸组织，大部分短体线虫是在麻蔸内完成其生活史的。

带病种根的人为运输是远距离传播病源的主要途径，同时该病还通过流水、农具等途径传播蔓延。排水不畅、低洼积水、施用未腐熟的农家肥的老麻园容易发生此病。

（三）防治方法

1. 选育和种植抗病品种

目前在生产中应用的如"川苎 11""川苎 12""川苎 16"等均为抗病品种，可以因地制宜地选择所需苎麻品种种植。

2. 栽前地下茎处理

栽麻时用 45~46℃ 温水或二硫氰基甲烷可湿性粉剂有效成分 1:6 000 倍液浸地下茎 15~20 min。

3. 田间管理

麻园要加强田间管理，注意开沟排水，降低地下水位；施腐熟人畜粪；及时中耕除草，即可减少土中虫源，中耕时避免伤根。

4. 药剂防治

对发病较轻的麻园，于 4 月上中旬或土温稳定在 15℃ 左右时，选择在晴天每亩施用克线丹颗粒剂有效成分 0.2 kg，或噻唑膦颗粒剂有效成分 0.2 kg，或丁硫克百威颗粒剂有效成分 0.3 kg。施用前将各药与细沙土或泥灰按 1:25 的比例混匀，混匀后将其撒施于土表，施药后随即用齿耙或锄头松动表土层，并促使药剂混入土层内。每年施药一次。

5. 实行轮作

有条件的老麻园与水稻实行轮作；无条件与水稻轮作的，可与甘蔗、玉米、高粱等作物轮作。或者在旱季进行深翻晒土，减少短体线虫数量。

二、苎麻白纹羽病

苎麻白纹羽病是由褐座坚壳菌引起。该病主要为害麻蔸，发病的病株矮小，叶片畸形，根群腐烂。

（一）症状

苎麻白纹羽病为害苎麻的地下茎（龙头根、扁担根、跑马根）和须根。发病初期在麻蔸近地面处缠绕着白色棉絮状菌丝，之后逐渐侵入地下根茎，使皮层发黑，肉质变红。被感麻株会生长衰弱，分株减少，叶色异常，严重时枯死。

苎麻白纹羽病

（二）传播方式

病菌以菌丝体在土中残株上越冬，随土壤和病蔸传播。一般影响麻株生长的因素均有利于本病的发生。土质黏重，土层薄，土壤板结，地势低洼，基肥不足，施用未腐熟有机肥，地下害虫和根腐线虫病为害严重及杂草多的麻地发病较重。

（三）防治方法

1. 选用无病种根，进行消毒处理

首先选择无病健壮的麻蔸作为种根，严格剔除病根、虫伤根，然后进行种根消毒。可用20%石灰水浸种根1 h；也可用硫酸铜100倍液或2%甲醛溶液浸10 min。

2. 田间管理

施足基肥，合理浇水，及时防治地下害虫；注意勤中耕、除草，开沟排水，增施有机肥和磷肥、钾肥。

3. 药剂防治

发病初期（病蔸率2%~3%）用2%福尔马林溶液淋蔸，挖掉重病株并烧毁后撒石灰粉消毒病窝。病区四周可开隔离沟0.5~1.0 m，避免病菌蔓延。

三、苎麻疫病

苎麻疫病是由苎麻疫霉引起的一种叶部病害。该病主要为害苎麻叶片，是苎麻叶片上的主要病害之一。疫病在苗期发生的较多，受害的苎麻叶片腐烂、脱落、早衰，对幼株生长影响较大。病株一般减产20%~28%，纤维细度下降4%~13%。

（一）症状

感染苎麻疫病的叶片的边缘产生褐色病斑，病斑呈圆形或不规则形，边缘黑色，中间灰白色，病部与健康部的交界处呈黄色块状坏死，病斑背面灰紫色，叶脉褐色。

（二）传播方式

苎麻疫病病菌以卵孢子和厚垣孢子在病残体上越冬，成为次年的初侵染源。孢子囊或游动孢子通过风雨进行再侵染。多雨高湿、地势低洼、地下水位较高、土壤黏重、雨后易积水的麻地发生该病时常较严重，麻田生长密闭、通风不良也有利于该病的发生。

（三）防治方法

1. 田间管理

应选择在排水良好和向阳的地块种植苎麻，开好排水沟，施足基肥，增施磷肥、钾肥，以提高麻苗的抗性。冬培时将病叶埋入土中，可使麻地土中的病菌死亡，对减轻头麻发病效果显著。

2. 药剂防治

50%硫菌灵或50%多菌灵可湿性粉剂1 000 倍液、50%克菌丹可湿性粉剂500 倍液或0.5%波尔多液喷雾，均有较好的防治效果。

四、苎麻褐斑病

苎麻褐斑病是苎麻上常见病害，为害严重。该病在我国各麻区普遍分布，严重影响苎麻的产量和纤维品质，主要为害苎麻的叶、叶柄和茎。

苎麻褐斑病

（一）症状

叶片发病叶面初现暗绿色斑点，后扩展为圆形至不规则形的大小不一的病斑，中部灰褐色，有不明显轮纹，四周黑灰褐色，病健部交界明显。叶背面病斑灰褐色，叶脉处暗褐色。叶柄发病处生浅褐色纺锤形凹陷斑。茎秆发病处出现纵条状褐色或纺锤形凹陷斑。后期各病部散生的黑色小粒点，即病菌的分生孢子盘。

（二）传播方式

病菌以菌丝和分生孢子盘在病残体上越冬。次年春天分生孢子盘上产生的分子孢子借助风雨及昆虫传播，进行再侵染。多雨年份发病较重。

（三）防治方法

1. 选用抗病高产品种

因地制宜地选用抗病高产品种（如"中苎1号""圆叶青""川苎11""川苎12"等）；收麻后及时清除病残体，将其集中烧毁或深埋，减少菌源。

2. 药剂防治

发病初期喷药防治，可用代森锌可湿性粉剂有效成分 0.650 ~ 0.975 kg/hm^2、咪鲜胺水乳剂有效成分 0.18 ~ 0.27 kg/hm^2、苯醚甲环唑水分散粒剂有效成分 0.04 ~ 0.06 kg/hm^2、甲基硫菌灵可湿性粉剂有效成分 0.30 ~ 0.45 kg/hm^2 或丙环唑乳油有效成分 0.10 ~ 0.15 kg/hm^2，兑水 600 ~ 900 kg 后喷雾消毒。

五、苎麻青枯病

苎麻青枯病是一种细菌病害。得病麻株萎蔫，全蔸凋萎枯死。高温多雨，尤其是雨后骤晴，气温上升快时，发病重。地势低洼、保水保肥力差、有机质含量低的瘠薄土壤的发病常较重。麻地地下害虫多和苎麻地下部损伤多均有利于苎麻发病。

（一）症状

发病初期叶片呈失水状萎蔫，天气潮湿时，早、晚尚能恢复，2～3 d后，叶片开始凋萎，然后干枯而死。剖视病株茎和根，其木质部呈褐色，用手挤压切口，有黏稠状灰白色的菌脓溢出。

苎麻青枯病

（二）传播途径

病菌主要寄生在苎麻麻蔸内越冬，也可在土壤及遗落在土壤中的病残体内越冬，为初侵染的主要来源。病菌从麻蔸的伤口侵入，也可从自然孔口侵入，在寄主体内增殖，随输导组织输送营养和水分并在麻株体内蔓延。在田间，病菌主要借流水、农事操作和昆虫等传播。采用有病的无性繁殖材料进行繁殖是本病远距离传播的主要途径。

（三）防治方法

要严格挑选无病的种根、种苗；重病麻地改种禾本科、豆科等作物 3～4 年；麻地发现病蔸后立即挖掉烧毁，并对病窝进行处理。

病窝处理方法如下。病窝灌注 20% 石灰水或撒施石灰粉消毒，或用春雷霉素、农用链霉素等 800～1 000 U 灌根。

六、苎麻花叶病

感染苎麻花叶病的麻株以顶部嫩叶和腋芽抽生的叶片的症状

表现最明显，其中以花叶型最普遍。

（一）症状

病株矮小，株高仅为健株的 1/2 到 4/5。叶片常表现出三种类型：第一种为花叶型，上部嫩叶呈相间退绿，继而产生黄绿斑驳花叶，严重时产生疮斑；第二种为皱缩型，叶片皱缩不平，变短变小，叶缘微上卷；第三种是畸型，叶片扭曲，形成一缺刻或变窄。

（二）传播途径

通过种根、分株、嫩梢等无性繁殖材料及叶蝉、飞虱等传播，带病的无性繁殖材料是该病远距离传播的主要途径。病蔸是该病田间次年的主要初侵染源。

（三）防治方法

选用抗病品种（"川苎 11""川苎 12""川苎 16"等）；常规品种应采用无病的种根、分株、嫩梢等无性繁殖材料。此外，做好麻园田间管理工作（适当增施磷肥、钾肥，加强冬培，及时清除田间渍水、杂草等）或合理的轮作均可以有效地降低苎麻花叶病的发生。

该病一旦发生，很难控制，所以要以预防为主，主要是切断传播媒介（如叶蝉、飞虱等）。可以在 5—8 月叶蝉幼虫盛发初期通过喷药控制传播媒介。防治叶蝉的药剂有：啶虫脒微乳、吡虫啉可湿性粉剂、氯氰·丙溴磷乳油或异丙威，每隔 20 d 左右喷药一次。

第三节 苎麻主要虫害及防治技术

苎麻在生长发育过程中，经常会受到多种害虫的侵害。根据为害时期不同，苎麻的害虫主要分为两类：一类是生长期害虫，主要有苎麻夜蛾、苎麻赤蛱蝶、苎麻黄蛱蝶、苎麻天牛、金龟子等，这些害虫发生于4月中下旬至11月上旬，它们咬食茎叶，对原麻产量、品质影响很大；二是原麻仓储期害虫，如大理窃蠹等。

一、苎麻夜蛾

苎麻夜蛾属鳞翅目夜蛾科，是苎麻生长期的主要害虫之一。主要分布于日本、印度、斯里兰卡等地，在我国各地麻区均有发生。苎麻夜蛾主要寄主于苎麻、荨麻、蓖麻、亚麻、大豆等作物。其幼虫主要为害叶

苎麻夜蛾成虫

片，严重时全田麻叶都会被蚕食一空，仅留叶柄及主脉，被害麻株的生长会停滞，多生侧枝，严重影响当季麻的产量和品质，而且对下季麻的影响也较大。

（一）形态特征

苎麻夜蛾的幼虫俗称"摇头虫"，3龄前淡黄色，3龄后体色

变化较大，分为黄白型和黑型，老熟幼虫长 60 mm 左右；成虫体长 28 ~ 32 mm，头部黄棕色，口器黄褐色，胸部茶褐色，腹部深褐色，亚线、内线、外线及中线黑色，肾状纹淡红褐色，内具 3 黑纹，肾状纹内侧有一黑线，后翅黑褐色，中央有青蓝色带 3 条，带纹中有黑色横切线，外缘缘毛短，内缘簇生长缘毛；蛹茶褐色；卵扁圆形，米黄色。

苎麻夜蛾幼虫

（二）发生时间及为害

苎麻夜蛾在长江流域一年发生 3 代。第一代幼虫于 4 月下旬初发，5 月上中旬盛发；第二代 6 月下旬至 7 月上旬初发，7 月中旬盛发；第三代 8 月中旬初发，8 月下旬盛发。

成虫白天隐蔽在麻田或附近的丛林灌木中，夜间活动，有趋光性，卵多产于麻株的上部叶背面。被产卵的叶片正面常变黄、下垂。初孵幼虫群集顶部叶片取食叶肉，受惊后吐丝下垂转移。3 龄幼虫分散为害，受惊动时以尾足和腹足紧握叶片，头部左右摆动，口吐黄绿色汁液。

苎麻夜蛾是一种叶面暴食性害虫，暴发时，局部田块的叶片在 7 d 内能被其取食而光，历年都是第一、第二代发生较多，第三代发生较少。老熟幼虫在麻蔸附近的枯枝落叶内化蛹。

（三）防治方法

（1）摘除带有卵块及群集幼虫的叶片。自4月下旬至8月下旬，勤查麻园，及时摘除带有卵块和群集幼虫的叶片，将其集中烧毁。

（2）利用灯光诱杀。在闷热无风的傍晚利用黑光灯诱杀成虫，有利于减少卵块基数。

（3）中耕松土，消灭虫蛹。6月上旬头麻收获后，第一代幼虫入土化蛹时及时中耕，可消灭虫蛹；也可在头麻收割时，留下几棵麻株，诱集幼虫，随后将其集中杀灭然后再中耕松土。

（4）药剂防治。在3龄幼虫群集为害时，于清晨露水未干前检查虫情，并用草木灰或2.5%敌百虫粉撒施在叶背面，把低龄幼虫杀灭在分散之前。幼虫分散后发生量和发生面积较大时，用90%敌百虫1 000倍液、50%辛硫磷乳油1 500倍液或2.5%溴氰菊酯乳油3 000倍液喷杀。

二、苎麻蛱蝶

苎麻蛱蝶分赤、黄两种类型，为害时间在4—11月，以下分别介绍。

（一）苎麻赤蛱蝶

1. 形态特征

幼虫红褐色，满身有刺毛。老熟幼虫体长约36 mm，背部黑色，腹部黄褐色，前面的12个体节上各有棘刺6个，背腹上各1个。成虫是一种黑红色蝴蝶，前翅外半部有几个白色小斑，排列成近半圆形，靠前的一个常呈浅橘黄色，后翅暗褐色，近外缘红橙色，其中列生黑褐色斑 4 个，内侧有较大不规则的黑斑 4 个，排成一列。

苎麻赤蛱蝶

2．发生时间及为害

苎麻赤蛱蝶于 3 月中下旬开始产卵，卵多产在苎麻上部叶片，少数产在叶柄和茎秆上部。4—11 月份能见到幼虫为害。幼虫有假死性，常迁移为害，3 龄幼虫 2 d 迁移一次，4 龄后每天迁移一次。3 龄幼虫为害较大，能咬食叶片，咬断叶主脉使叶片枯萎。

3．防治方法

（1）物理防治。人工摘除或用木板拍杀卷叶中的幼虫和蛹，清除麻园周围杂草，减少虫源。在每季麻收获后，将麻叶、麻骨、麻皮等全部收集回麻地沤腐。

（2）药剂防治。在幼虫 3 龄期前，于上午 8—10 时或下午 4—6 时幼虫爬出虫苞期间及时喷药防治，可用敌百虫粉剂有效成分 0.54 ~ 0.81 kg/hm² 或高效氯氟氰菊酯水乳剂有效成分 0.015 0 ~ 0.022 5 kg/hm²，兑水至 600 ~ 900 L 后喷杀幼虫。

（二）苎麻黄蛱蝶

1. 形态特征

苎麻黄蛱蝶的幼虫俗称"麻毛虫"。老熟幼虫体长 30～35 mm，头部赤黄色，有"八"字形金黄色脱裂线，单眼及口器黑褐色，胸、腹部背面生有枝刺，枝刺基部蜡黄色，其余紫黑色，每根枝刺上生有 12 根小刺毛。成虫棕黄色，前翅、后翅外缘有黑色锯齿纹，各有 8～9 个三角黄色斑，头部黄褐色，前额有光泽，头顶有密毛。

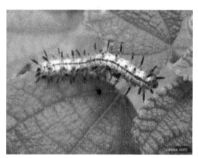

苎麻黄蛱蝶

2. 为害

苎麻黄蛱蝶初孵幼虫群集麻叶上取食表皮叶肉使叶片成焦枯状。3 龄后分散为害。于 11 月上旬陆续迁移到麻地附近杂草丛、树林、竹林等地方越冬。早春气温回升即迁移麻地为害。一条老龄幼虫 24 小时内可取食麻叶 5～8 片。卵产于叶背，竖立成块。卵期 8～10 天孵化成虫，群集麻叶为害。

3. 防治方法

（1）草把诱杀越冬幼虫。利用幼虫群集趋暖的越冬习性，在三麻收获后的 2～3 d 内，于麻地插草把（草把上部捆紧，下部散开，形似半开的伞），每亩麻地插 50～60 个，在次年惊蛰前收集草把并烧毁。这个方法能诱集 90% 以上的幼虫。

（2）麻地"三光"。冬春之际结合清洁麻地、培土，扫除残枝落叶，铲除杂草，做到厢面光、厢沟光和地边光，从而消灭越冬幼虫。

（3）人工捕捉。在虫口密度不大时，根据成虫产卵集中和初孵幼虫群集为害的习性，摘虫蛹、摘卵叶和捕杀成虫。

（4）药剂防治。在幼虫 3 龄期前于上午 8—10 时或下午 4—6 时幼虫爬出虫苞期间及时喷药防治，可用敌百虫粉剂或高效氯氟氰菊酯水乳剂灭杀幼虫，方法同苎麻赤蛱蝶药剂防治方法。

三、苎麻天牛

苎麻天牛属鞘翅目天牛科。它广泛分布于中国各产麻区，寄主植物有苎麻、木槿、桑等。成虫食叶柄、嫩梢，致麻株被害梢产生黄褐色斑点或被咬断。幼虫蛀食麻株茎秆基部或地下茎，破坏输导组织，影响麻株水分和养分运输，致受害处变黑或干枯。

（一）形态特征

苎麻天牛，其幼虫俗称"红头钻心虫""蛀苑虫""吃根虫""成根虫"，其成虫俗称"须牛"，是苎麻的主要害虫之一。老熟幼虫乳白色或黄白色，体长约 25 mm，头部红褐色，前胸背板前半部光滑，生

苎麻天牛

有黄褐色刚毛，后半部有褐色粒点组成的凸形斑纹，后胸腹部第一至第七节背面各有 1 个长椭圆形下凹纹，周围有褐色斑点。成虫触角除基部 4 节呈淡灰蓝色外，其余黑色，体底黑色，密披淡绿色鳞片和绒毛，前胸背板淡绿色，中部两侧各有 1 个圆形黑斑。

（二）发生时间及为害

苎麻天牛一年发生 1 代，幼虫在麻蔸内越冬。成虫白天活动，每日上午 9 时至下午 6 时最为活跃，早晚多栖于麻叶背面不动。该害虫有假死性，受惊即落地，易捕捉，雌虫喜欢在田边或粗壮高大的麻株上产卵，卵多产于离地 2 cm 的麻株基部，少数产在离地 3 cm 的茎上。成虫产卵前需要取食幼嫩梢及梢部叶柄，使得田边麻株受害较重；初孵幼虫先取食孵化处的韧皮部，然后侵入麻茎内直至茎髓部，再至麻蔸。

幼虫损害地下茎的髓部及木质部，边钻边食，形成许多孔道，形似蜂窝。地下茎受其伤害后，伤口极易遭受到短体线虫和褐座坚壳菌的侵害，这加速了败蔸，导致大幅减产。成虫取食苎麻叶柄和嫩梢，可能使麻株停止生长或发生分枝，影响苎麻的产量和纤维品质。

（三）防治方法

1. 农业防治

清除麻园四周的杂草，减少虫源。在每季麻收获后，将麻骨、麻叶、麻皮、麻壳全部收集回麻地沤腐。结合追肥，把氯唑磷混入后浇蔸，以杀灭天牛幼虫。早收头麻后连泥砍秆，也可消灭部分卵和刚孵化的幼虫。

选择健壮无虫的种蔸为繁殖材料。为了防止苎麻天牛随种蔸传播，将砍好的种蔸放在冷水中浸泡一昼夜，滤干再种。

2. 灯光诱杀

在闷热无风的傍晚利用黑光灯诱杀成虫，有利于减少卵源基数。

3. 药剂防治

可用敌百虫粉剂成效成分 $0.54 \sim 0.81 \, \text{kg/hm}^2$ 按照 $1:1\,000$ 的比例和细沙土拌匀，撒在土表，毒杀幼虫；冬季用 90% 敌百虫晶体 800 倍液淋蔸防治天牛幼虫效果更好。喷药时应先喷周围然后再喷中间，以防天牛飞走。

四、金龟子

（一）形态特征

苎麻生产中常见的金龟子有 3 种：华北大黑鳃金龟、黑绒金龟和铜绿丽金龟。金龟子幼虫又称为蛴螬，头大而圆，红褐或黄褐色，胸足 3 对，后足较长，腹部 10 节，第九节和第十节两节愈合成臀节。成虫鞘翅黑褐色或铜绿色，有光泽，胸部腹板上密生细毛。全省各麻区都有发生，除为害苎麻外，还为害大豆、花生、马铃薯、棉花、玉米、小麦等多种作物。

（二）为害

金龟子成虫取食苎麻叶片，仅留叶脉基部；幼虫主要取食麻蔸的萝卜根、扁担根等，造成麻蔸空洞，地上茎枯死，以致减产或败蔸。麻蔸处的伤口极易遭受其他病菌侵入，导致麻株生长不良，甚至凋萎死亡，造成严重减产。

（三）防治方法

1. 农业防治

在有金龟子的土里，栽麻前挖地整地时进行土壤处理，采用灌水淹杀幼虫。

发现麻株被害后，先中耕松土，再用敌百虫粉剂或毒死蜱乳油淋兜。

2. 物理防治

成虫盛发期，晚间用灯光或火堆诱杀金龟子。或取 20 ~ 30 cm 长的榆、杨、槐带叶枝条，将其基部泡在毒死蜱溶液或敌百虫溶液中，药液浓度 30 ~ 50 倍，10 h 后取出枝条捆成把，堆放诱杀金龟子。或按照糖∶醋∶酒∶水 = 6∶3∶1∶10（或糖∶醋∶水 = 4∶2∶1 或糖∶食醋∶白酒∶水 = 3∶6∶1∶9）的比例调制诱捕液，为了增加捕杀效果，可以在诱捕液中按照 0.3% ~ 0.5% 的比例添加敌百虫晶体或敌百虫可溶性粉剂。

3. 生物防治

气温在 24 ~ 28℃，相对湿度在 80% 以上的条件下，用 23 万 ~ 28 万活孢子/g 的绿僵菌粉剂按 1∶25 比例和细沙土拌匀，制成药土，中耕时施入。

4. 药剂防治

在成虫发生盛期喷药防治。

（1）土壤处理。用敌百虫粉剂有效成分 0.375 0 ~ 0.562 5 kg/hm² 按照 1∶1 000 比例和细沙土拌匀，或用氯唑磷颗粒剂有效成分 0.9 ~ 2.7 kg/hm² 按照 1∶750 比例和细沙土拌匀，或用辛硫磷颗粒剂有效成分 0.27 ~ 0.36 kg/hm² 按照 1∶1 000 比例和细沙土拌匀，或用二嗪磷颗粒剂有效成分 0.75 kg/hm² 按照均匀 1∶750 比例和细沙土拌匀。将拌匀的细沙土均匀撒在土表，随即翻到 10 ~ 15 cm 深土中，毒杀幼虫。

（2）成虫防治。可用敌百虫粉剂有效成分 0.54 ~ 0.81 kg/hm²，敌敌畏乳油有效成分 0.30 ~ 0.45 kg/hm², 氯氰·毒死蜱乳油总有效成分 0.315 0 ~ 0.472 5 kg/hm², 阿维菌素有效成分 0.005 4 ~ 0.008 1 kg/hm² 或灭幼脲 3 号可湿性粉剂有效成分 0.112 5 ~ 0.150 0 kg/hm², 兑水 600 ~ 900 kg 后喷杀成虫。

五、大理窃蠹

大理窃蠹曾在我国各苎麻仓贮期普遍发生, 为害猖獗, 是我国苎麻仓贮史上罕见的灾害性蛀虫。

（一）形态特征

大理窃蠹又名麻窃蠹, 俗称"番死虫", 属鞘翅目窃蠹科。

幼虫白色, 老熟幼虫黄白色, 幼虫老熟后吐大量丝结成厚茧。茧白色、卵形, 有内外两层, 内层是丝质, 不易撕破; 外层以钙质为主, 易碎。成虫为小型黑褐色甲虫, 有污黄色微毛, 腹面灰色。

苎麻大理窃蠹

（二）发生时间

3 月下旬茧内幼虫开始化蛹, 蛹期 14 ~ 17 d。第一代成虫于 4 月下旬开始羽化, 5 月上旬为第一代羽化高峰期; 第二代成虫于 7 月下旬开始羽化, 8 月上旬为第二代羽化高峰期。羽化后的成虫多在闷热天飞出，如遇气温急剧下降，成虫蛰伏于茧中不出。成虫出孔后立即交配，一生可作多次交配，一次交配需 3 min 左右，交配当天即可产卵。大理窃蠹在长江流域的苎麻仓库中一年发生 2 代，以幼虫及老熟幼虫结茧在麻捆内越冬。

（三）为害

苎麻大理窃蠹主要以幼虫蛀食苎麻原麻为害，被蛀食的苎麻原麻，轻的呈现许多孔眼、缺刻和蛀断纤维，致使纤维残缺不齐而降低品质，重的被蛀食成糠渣粉末状，丧失利用价值。据调查，存放 2～3 年的仓贮苎麻原麻往往为害较重，同时靠墙四周、近门窗、缝隙处的中下层的受害较重。该害虫喜从较紧的扎绳处蛀孔，并在蛀孔内产卵，严重的一捆麻内有数千条虫，多的可达 2 万多条。苎麻原麻贮存过程中，由于麻捆紧、体积大、堆垛高给虫情调查带来诸多不便；加之此害虫在麻捆内取食、繁殖，隐蔽性强，所以大理窃蠹一旦发生，必须采取快速有效的防治措施。

（四）防治方法

1. 空仓消毒

采用 80% 的敌敌畏乳油 0.1～0.2 g/m^3，兑水稀释 50 倍喷于仓库内并密闭 3 d；或用磷化铝 3～6 g/m^3，密闭熏蒸 7 d；或用熏灭净 10～20 g/m^3，密闭熏蒸 3～5 d；或用溴甲烷 20 g/m^3，密闭熏蒸 4 d。上述消毒方式都可杀死空仓内的害虫。

2. 药剂防治

当发现大理窃蠹为害仓贮原麻时，将仓库关闭，用 80% 的敌敌畏乳油稀释的 200～400 倍液喷施原麻，同时喷施房间的角落、墙面，而后密封，每 7 d 喷施一次，共喷施 4～5 次，翻开检查，直至无活虫为止。此外，在成虫羽化期，采用药剂熏蒸 24 h，也能杀灭大部分成虫。如用磷化铝 7 ~ 10 g/m³，密封 7 d，或用熏灭净 40 g/m³，密封 5 d，或用溴甲烷 30 g/m³，密封 3 d，都可杀死仓库内的大理窃蠹。这几种药剂虽然杀虫效果好，但对人畜的毒性也较大，因此施用时应注意密封仓库、人员远离，杀虫后及时开仓疏散毒气。大规模储藏仓库可以使用此方法杀虫。农家少量的存麻，建议使用敌敌畏杀虫。发现幼虫的原麻，条件允许时应抓紧脱胶杀虫；或解捆后用 80% 敌敌畏乳油（稀释 500 倍）灭杀幼虫。原麻进仓时在麻捆内放入樟脑丸等防虫药剂可以保护 1 ~ 2 年。

未杀虫的原麻禁止外运，以防害虫扩散蔓延。

3. 物理防治

大理窃蠹的各虫态都对高低温比较敏感。因此，在夏季高温季节时，若发现原麻中有虫就将其解捆翻晒 3 ~ 5 d（晒坪温度达到 50℃），这样对大理窃蠹各虫态都有良好的杀灭效果。冬季则可利用低温进行开仓凉捆，使仓贮原麻较长时间处于 5℃ 以下的温度中，这样可抑制害虫的生长发育或致死部分害虫，同时也可利用制冷机械构成冷藏库（库温在 2 ~ 5℃）来贮存原麻，它能抑制害虫的发生。

4. 生物防治

利用管式肿腿蜂可以防治大理窃蠹的蛹和幼虫。在每年 5 月下旬至 6 月上旬为最适合期，在每个仓库中放入管式肿腿蜂 500 余头，大理窃蠹的蛹和幼虫被寄生或蜇刺死亡率可达 60%。

第三节　麻园草害及防治技术

麻地内杂草的种类繁多，一般为单子叶杂草，如莎草。杂草对苎麻的危害主要有以下几个方面：与苎麻争水、争肥、争光、争空间。杂草丛生不仅会侵占苎麻生长所需的空间，使作物生长受挤，还可能覆盖苎麻，严重影响苎麻枝叶的茂盛生长和光合作用，并妨碍苎麻通风、透气，同时使土壤表层温度降低，严重影响苎麻生长，若不防治将严重影响苎麻的产量。

一、不同麻园的杂草防治方法

（一）新建麻园

在新建麻园中，对一年生双子叶杂草较多的田块，可先整地诱发杂草，再喷施 10% 草甘膦水剂（亩用药量 400 ~ 500 mL），灭草后再移栽麻苗；对单子叶杂草较多的麻田，可在杂草 5 叶期前喷施禾草克、盖草能或者稳杀得等除草剂杀灭。

（二）成龄麻园

在成龄麻园中，当单子叶杂草较多时可用禾草克、盖草能或稳杀得等除草剂对杂草的茎叶进行处理；当双子叶杂草较多时，可在杂草较小时用草甘膦水剂进行定向喷雾，杀灭草害。

二、麻园杂草防治方法

（一）人工除草

1. 深翻

深翻是防治多年生杂草的有效措施之一。土壤经多次耕翻后，里面的多年生杂草的数量逐渐减少或长势衰退，草害从而受到控制。深翻对防治一年生杂草的效果更快更好。同时通过深翻晒地，可以促进土壤中微生物的活性，固定空气中的氮素，增加土壤的营养。研究显示，深翻后施用除草剂的效果最好。

2. 中耕除草

麻苗移栽后要及时中耕除草。新麻地空间大，麻株生长缓慢，容易滋生杂草，从而影响苎麻生长，因此新麻地要多次中耕除草。中耕除草，一是为冬季培管期间的深中耕除草，二是各麻季期间的中耕除草，一般在苗期进行。

中耕时，幼龄麻园宜深，老麻园宜浅；行中宜深，蔸边宜浅。中耕灭草的适期是草龄越小越好，中耕次数一般 2~3 次为宜，将一年生杂草消灭在结实之前，使散落在田间的杂草种子逐年减少。对于多年生杂草应切断其地下根茎，削弱其积蓄养分的能力，使其长势逐年衰竭而死亡。

（二）化学除草

使用化学药剂进行灭草时，应针对麻园杂草危害的问题，筛选出一批高效、安全、适用的除草剂。在每年 2 月底至 3 月中旬为施用除草剂除草的最佳时期。除草剂可以使用 50% 乙草胺乳油（亩用 100~200 mL）或 72% 异丙甲草胺乳油（亩用 95~160 mL），加水 40~50 L，于杂草萌发前进行土表喷雾处理，防治效果可达

90%。在苎麻生育期，对一些单子叶杂草可用35%吡氟禾草灵或20%烯禾啶（亩用50 g），加水 40 ~ 50 L，喷施，防治效果可达90%。

采用多种除草剂混合使用，除草效果更佳。

（三）物理除草

最常用的是在麻苗移栽后，使用黑/白地膜覆盖麻地，通过提高地膜内和土表的温度，烫死杂草幼苗或抑制杂草生长。目前已经在生产中广泛应用。

第八章

苎麻的综合利用

第一节　苎麻纤维及其用途

苎麻纤维及其织物、织品是我国重要的工业原料和传统的出口创汇产品。纤维品质的优劣决定着纤维的可纺性能和织物的使用性能，因此纤维的品质尤为重要。

一、苎麻纤维

（一）简介

苎麻纤维和其他麻类纤维一样，主要成分为纤维素，同时还不同程度地含有半纤维素、木质素、果胶和脂蜡质等成分，为非纯净的纤维素纤维。纤维素属于碳水化合物，是一种天然的高分子化合物。一般说来纤维中纤维素含量高，非纤维素成分（胶质）含量低，则纤维品质较好。

苎麻纤维是我国重要的传统纺织原料，具有断裂强度大、吸湿散热快、耐磨、耐腐等优点，但同时其纤维细度较低、纤维素聚合度较高、结晶度和取向度较高，并由此造成纤维刚性强、弹性差、抱合力较小、织物易起皱、难染色、毛羽过多、有刺痒感等问题。因此，改善苎麻纤维的超分子结构，改变纤维刚性有余而弹性不足的缺点，进一步提高纤维细度，应成为相关科研部门的主攻方向。

（二）特点

苎麻纤维是性能优异的麻类纤维，它的纺织品具有清凉透气、风格独特等特性，是衣着装饰中重要的组成部分。

具体来说，苎麻纤维具有以下特点。

（1）在各种麻类纤维中，苎麻纤维最长最细，其纤维长度比最高级的棉花还要长 2~7 倍。

（2）原麻脱胶精制后，颜色洁白，有丝样光泽。

（3）苎麻纤维孔隙多，透气性好，传热快，且轻盈，同容积的棉布与苎麻布相比较，苎麻布轻 20%。苎麻纤维的透气性比棉纤维高 3 倍左右。同时，苎麻纤维还具有抗静电、抗污染等优点。

（4）苎麻纤维断裂强度大而延伸度小，吸收和发散水分快。

（5）苎麻植株中含有的黄酮类化合物对金黄色葡萄球菌、大肠杆菌、绿脓杆菌等有一定的抑制作用，因此苎麻纤维具有一定的抑菌防霉功能。

（6）苎麻纤维与棉、丝、毛或化纤进行混纺、交织，可以弥补这几大纤维的缺陷，达到最佳织物功效。

二、苎麻纤维的用途

（一）衣着产品

苎麻布具有挺括、伸缩变性小等特点，是制作内衣、西服的最佳面料，还被广泛用于生产防臭防癣鞋袜。

(二) 装饰用品

苎麻纤维被广泛用于生产地毯、墙面贴饰、挂帷遮饰、家具覆饰、床上用品、盥洗用品与纤维工艺美术品等。

(三) 麻地膜

塑料地膜其碎片残存在土壤里会破坏土壤结构，造成土壤板结、通透性能差、地力下降，影响作物生长发育和产量。纸地膜虽具有保温保湿、透气性好、抑制杂草生长等特性，有良好的增产作用，而且其残留在地里的纸地膜可以被完全分解，不造成任何污染，也可以回收造纸，但它为一次性消费品，成本高。如果以苎麻纤维为骨架制成无纺布地膜，再配合浸渍附着不同的肥料或天然抗虫抗菌物质，可使苎麻地膜具备培肥土壤、防治病虫害的特性。因此，这种增产作用大、无污染的苎麻地膜无疑有着广阔市场，不但将极大促进我国农作物生长，而且保护环境，有利于农业可持续性发展。

(四) 其他产品

苎麻纤维还可用于生产运输工具内装饰物（包括汽车、火车等的座套、靠垫）、包装材料（主要利用苎麻纤维的抗腐性，将其可编织制成水果蔬菜运输用布袋）、医疗卫生用品、苎麻复合制品等。

第二节　麻叶类食品的制作技术

一、麻叶的营养成分

苎麻的麻叶中不仅富含粗蛋白、粗脂肪和粗纤维，还含有赖氨酸、蛋氨酸、谷氨酸、黄酮类化合物、α-胡萝卜素和β-胡萝卜素、维生素、钙、磷等物质。

二、麻叶类食品的功效

苎麻有凉血止血、清热利尿、散瘀消肿、解毒等功效。苎麻的麻叶味甘、微苦、性寒，富含黄酮类化合物，有收敛功效，麻叶食品是男女老少皆宜的食品。

三、麻叶类食品的制作方法

苎麻一年四季均可生长发育，麻叶常年可以采摘。我国麻区农民有食用幼嫩麻叶的习俗，苎叶保、绿苎头、叶麻米乙、苎麻叶米粿等已成为地方名特小吃。现将苎叶保、绿苎头制作方法介绍如下。

（一）苎叶保的制作方法

苎叶保是皖南山区民间点心，有"立夏吃苎饼，热天不中暑"之说。每年立夏，那里的人们皆采麻叶，然后掺入糯米粉制作成饼，蒸熟后食用，饼色翠绿，质地软糯，味甜清香。后经改进制作方法，配有馅料，使其风味更佳。

1. 主要材料

糯米粉、嫩麻叶、白糖、芝麻。

2. 方法

先将芝麻炒熟碾碎，加入白糖拌匀做成馅料。摘取幼嫩、无病虫的麻叶，除去麻叶叶柄及较粗的叶脉，用清水清洗干净，沥干后，放入沸水中烫一下杀青，再捞起放入冷水中降至常温，取出后挤除多余的水分，放入搅拌机内搅拌，或放入缸钵等器具内，将其春成麻叶泥。

将糯米粉放入盆内，倒入沸水 300 g 烫拌均匀后，加入麻叶泥，揉至有黏性，然后分成 20 个面团，逐个压扁，包入馅料，收口团成圆球形。最后将其放入刻有花纹的模具内，按平倒出，如此反复，做好后放入笼内用旺火蒸约 10 min 即成。

3. 制作要领

包好馅料的圆球生坯放入模具前，模具内要先撒些干米粉，以免粘连；入笼蒸煮时要用旺火沸水速蒸。

(二) 绿苎头的制作方法

绿苎头是江苏宜兴的民间小吃。

1. 主要材料

糯米粉、嫩麻叶、无筋面粉、馅料、猪油。

2. 方法

先将嫩麻叶放入开水锅煮三四分钟捞出，降温后沥掉水分，加入生石灰粉，放置一夜就可使用，或储藏在瓶罐里常年使用。把处理好的嫩麻叶放在清水中冲洗干净，加少许水在搅拌机内搅拌或用钵春成麻叶泥。

将糯米粉倒入容器，加入麻叶泥混合均匀后揉成面团，再在另外的容器中放入无筋面粉，加入开水搅拌成团。将糯米粉面团和面粉面团放在一起揉至均匀后，再放一勺猪油揉匀成团即可。若混合面团过黏，可在案板上撒些面粉，然后将混合面团分成若干份，每份包入馅料（根据喜爱，可包绿豆馅、红豆馅、肉馅，味道可调成咸味、甜味或其他味），将其放在涂过油的蒸笼上。

冷水上锅，水开后旺火蒸 10 min 即可。

3. 制作要领

石灰粉是无毒，但有较强的腐蚀性，放置的容器应有一定耐碱性。在煮过的麻叶里加入石灰粉，可以中和麻叶中的酸性物质，改善麻叶的口感。

第三节　苎麻副产物基质栽培大球盖菇技术

收获原麻后的麻骨、麻叶、麻皮等副产物，其主要成分为碳水化合物。以苎麻副产物为主要原料，再配合其他辅料，可以制成基质栽培食用菌，这样既减少苎麻副产物秸秆的焚烧，减少环境污染，又可以增加食用菌栽培原料，废物利用，增加麻农收入，可谓一举多得。下面介绍苎麻副产物基质栽培大球盖菇技术。

一、栽培基质制作

将收集的苎麻副产物晒干，然后将其放入水沟或水池中浸泡2 d左右，边浸边踩；让苎麻副产物均匀吸水后，自然沥水至含水量为70%～75%，然后加入7%的麦麸、3%的生石灰，充分混合均匀后建堆发酵，堆成宽1.5～2 m、高1～1.5 m、长度不限的发酵堆，要堆结实；4 d后翻一次堆后再发酵4 d，即制作好大球盖菇的栽培基质，翻堆时可以进行水分调节。

二、播种与菌丝培养

将制好的栽培基质平铺于栽培场所，压平踏实。栽培基质厚度30～35 cm，用量为60～80 kg/m²，一般平铺3层，每层约厚10 cm。将菌种播在两层基质之间，播种深度为5～8 cm，采用梅花点播方式，窝距10～12 cm。播种后，栽培基质的温度保持在22～28℃，含水量保持在70%～75%，空气的相对湿度保持在85%～90%，促进菌丝的生长发育。

三、覆土与出菇管理

菌丝快长满栽培基质时，在栽培基质表面覆盖比较疏松、肥沃，有一定保水、吸水力的沙壤土，覆土厚度2.5～3.5 cm，以利保持栽培基质的含水量为36%～37%，排除其中的二氧化碳和其他气体。覆土后15～20 d就可出菇。出菇阶段保持相对湿度为90%～95%，温度为12～25℃即可。

四、防治病虫

注意选用合格的原辅材料，确保生产环境、生产过程符合食用

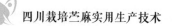

菌栽培要求,搞好环境卫生。在大球盖菇子实体生长阶段,重点防治菇蝇、菇蚊等害虫,防治方法与一般的大球盖菇栽培相同。

五、采收

子实体的菌褶尚未破裂或刚破裂,菌盖呈钟形时为采收适期,用拇指、食指和中指抓住菇体的下部,轻轻扭转一下,松动后再向上拔起,除去菇脚上的泥土。采菇后,应补平菌洞口,清除残菇。

其余栽培技术与一般的大球盖菇栽培相同。

第四节　苎麻副产物基质栽培蘑菇技术

苎麻副产物基质栽培蘑菇技术是利用苎麻收获后的副产物(麻叶、麻皮、麻骨)通过发酵、合理配料等途径栽培蘑菇来提高苎麻副产物利用效率和麻农经济效益的技术。用苎麻收获后的副产物作为蘑菇的栽培基质,其主要栽培技术要点如下。

一、原料及配方

栽培基质的原料为苎麻副产物、稻草、油饼、过磷酸钙、石膏粉、尿素、牛粪,其质量比例为 50∶50∶17∶7∶7∶1∶67。

二、培养料的堆积发酵

在 8 月中下旬开始堆制苎麻副产物,先堆制 8 d 左右,再混合稻草建堆，按照 7 d、5 d、4 d、3 d 的时间间隔进行翻料，改善堆内微环境，调节水分，散发废气，促进微生物的生长繁育，随着进一步发酵升温，培养料彻底分解熟化。

三、菇棚构建

采用地床三角棚架结构，棚宽 2.5 m，中间开的沟宽 0.5 m、深 0.3 m，分成两畦，每畦宽 1 m，中柱高 1.8 m。向两边搭制成人字形的支架，上面覆盖薄膜，外遮盖草苫子。

四、播种

栽培基质发酵腐熟后，于 9 月下旬进入菇房。待菇房内栽培基质的温度下降至 28℃不再升高时，即可进行播种。播种前，先将菌种从培养瓶内取出并放在用 0.1% 高锰酸钾溶液消过毒的用具里，再按计划将菌种均匀撒播于基质表面，边洒边进行覆土。覆土以土质 pH 值为 7.0~7.5 的腐殖性的小颗粒壤土为好，土壤含水量在 20%~22%，并在土层表面盖上一层报纸。

五、菇棚管理

覆土 10 d 以内若不下雨，可适当喷水。10~15 d 内揭土检查，当菌丝近一半呈放射状时，每平方米菇床厢面可喷"结菇水" 0.9~1.1 L，此后保湿和通风结合进行。

当小菇长到黄豆大小并普遍出土时，喷一次"出菇水"；根据厢面干湿情况和天气情况，可喷清水 1.3~1.4 L/m^2，然后停水 2~3 d；当蘑菇整齐出土后，每天视蘑菇的长势情况及天气变化来喷水，菇多多喷，菇少少喷，无菇不喷；出菇时，空气相对湿度控制在80%以上，并保证给予充足的氧气。

六、采收

播种后20 d左右即可采收蘑菇。

每采一潮蘑菇后，间隔5~7 d再采下潮菇。息潮时不宜喷水，根据菌丝及小菇的长势喷施适量的"结菇水"和"出菇水"。随着气温的降低，用水量应逐渐减少。

每出一潮菇，应及时清理床面上的残留物，将采菇后留下的孔洞用土填平，并重新喷水1次（相当于"结菇水"）。

七、注意事项

制作栽培基质时，混合好的原料要充分腐熟发酵；播种后菇棚内土壤要保持湿润，同时要控制出菇时的相对空气湿度和温度。

第五节 苎麻副产物基质栽培
杏鲍菇技术

杏鲍菇属于腐生真菌（可添加木屑作为原料），它们的栽培基质的碳氮比要求在30~40:1。其菌丝体较佳生长温度为25℃，相对空气湿度控制在65%左右；而出菇温度一般为15℃（不同品种稍有不同），相对空气湿度要求在85%~95%。

一、栽培场地及环境条件要求

菇房（空闲房、地下室、遮阴大棚等均可，最理想的是可控温、控湿的专门菇房）环境要求干净卫生，远离污水、禽畜栏及腐烂发霉等场所，避免杂菌污染；通电、通水、通风、透气；堆放原料场所要求干净、干燥，夏季防细菌滋生（30～37℃），春秋季防真菌滋生（20～27℃）。

苎麻副产物基质栽培杏鲍菇

二、菌种的选择和种植季节安排

（一）菌种的选择

杏鲍菇的品种不同，出菇温度不同。如果没有控温、控湿设备，则根据出菇季节温度选择不同的品种（秋季出菇或春季出菇）栽培。

（二）种植季节安排

由于杏鲍菇在接种后菌丝体生长时期的温度需要控制在25℃左右，时间40 d左右；而出菇温度要求在12～18℃，时间20～

30 d，因此如果是季节性栽培需要根据季节气候做好生产安排。

三、所需设备器具

（1）原料加工设备：粗细可调的粉碎机、菌袋制作设备、原料搅拌机、装袋机等。

（2）接种设备：接种机、超净工作台、接种箱等。

（3）灭菌设备：常压灭菌锅、高压蒸汽灭菌锅。

（4）控温、控湿设备：空调、加湿器、通气扇等。

（5）其他器具：称重器、套环、盖子、接种勺、酒精灯、温度计、湿度计等。

四、所需药品试剂

苎麻副产物基质栽培杏鲍菇技术中所需的药品试剂主要是以下两类。

（1）灭菌消毒类药剂（栽培场地空间及菇架等）。可用来苏水（是一种甲酚和钾肥皂的复方制剂，溶于水后可杀灭细菌繁殖体和某些亲脂病毒）、高锰酸钾喷洒消毒；二氯异氰尿酸钠等气雾消毒剂喷雾消毒；甲醛或硫黄熏蒸消毒。消毒过程注意人员安全。

（2）防虫类药剂（防止虫类给菇房带来病害和污染）：辛硫酸、除虫菊酯等。

五、工艺流程

（一）原料准备

麻骨粉碎成粗细度适中的颗粒（2～5 mm）。

（二）栽培基质配方

原料为麻骨60%（或50%）、棉籽壳20%（或30%）、麦麸18%、蔗糖1%、石膏粉1%；加水量一般为原料干重的2～3倍（视麻骨干燥情况而定），湿料含水量为63%～65%（感官判断，手抓紧拌料，滴出2～3滴为宜）；自然pH值（无需酸碱调节）。

（三）装袋要点

菌袋规格选择17 cm×33 cm，每袋菌袋装料量为800 g左右；装料时菌袋底部要填满、填实，不留缝隙，否则容易底部出菇；填料压紧封口后，灭菌处理。

（四）灭菌要点

常压灭菌要保持在95～100℃下灭菌15 h左右，堆码菌袋时要留一定的缝隙使蒸汽均匀通透；高压灭菌时要在121℃下灭菌1.5～2 h，灭菌完成时需放蒸汽。灭菌后自然冷却至室温，搬动菌袋时轻拿轻放。

（五）接种

在超净工作台或接种箱中接种，接种过程一定要避免感染杂菌（自制的接种箱的密封性要好，使用前用烟雾或气雾灭菌剂消毒，操作过程要避免与外界的空气流通）。

使用顶端接种法时，每袋接固体菌种量约15 g，菌丝长满菌袋需30～35 d。使用中心及顶部接种法时，装料时袋料中间加栓，接种时取出栓加菌种；每袋接种量约15 g，菌丝长满菌袋约23 d，比顶端接种法需要的时间少1周以上。

（六）管理

1. 菌丝体培养

菌丝体生长的房间要经过消毒，避免菌丝体培养过程感染杂

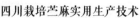

菌。由于菌丝体生长需要氧气，因此菇房要便于通风。根据菌袋堆积情况而定，一般早中晚通风半小时，若堆积过于密集则要加大通风量，并隔几天就翻动菌袋（避免局部过热，超过37℃菌丝体容易烧死）。

2. 催蕾

菌丝体长满菌袋后进行催蕾出菇。杏鲍菇需开袋拉松袋口。催蕾温度为12~16℃，相对空气湿度保持在85%，同时要求弱光照射3 d左右，中间注意通风使菌丝凝结，利于原基形成。控制上述条件约7 d，便可长出菇蕾。

杏鲍菇需要疏蕾，用75%的乙醇消毒过的刀片切去小蕾，留1~2个长势良好的菇蕾即可。

3. 出菇管理

与催蕾相比，出菇管理温度调高2℃左右，相对空气湿度增加至90%~95%（根据菇长势调节湿度，湿度过低导致裂菇，抑制生长，湿度过高容易使菇感染细菌病），要求为避光黑暗条件，减少通风，增大菇房内的二氧化碳浓度。菇型由温度、通风及光照条件控制。

4. 采收

若按照工厂化生产，为提高生产效益只收一潮菇。若是农户自行种植则可收2~3潮菇。收菇后给菌袋加水恢复湿度（加水浸泡一定时间后倒出），待表面菌丝长满后重新进入催蕾和出菇管理阶段。菇采收后立即出售，或放置则需在2~10℃密封保藏。金针菇和杏鲍菇保藏期较长。

第六节 麻育秧膜和麻地膜

一、麻育秧膜

我国是世界水稻生产大国之一。随着农村劳动力的日益紧缺，在水稻平盘育秧后机械插秧已成为我国水稻生产中取代手插秧的普遍栽培方式。然而，这种方法在实践中有严重的缺陷，在播种后 20～25 d 为秧苗的最佳移栽日期，但此时幼苗的根系往往没有充分缠绕，生根不足导致秧块容易开裂，机械插秧效率严重下降。

近年来，人们开发出了麻育秧膜用来解决这个问题。这种薄膜是由苎麻纺纱工业的废纤维和改性淀粉，采用干铺非织造工艺制成。与通常用作覆盖土壤的覆盖材料的传统农业非织造布薄膜不同，麻育秧膜很薄，只有 0.15～0.25 mm，这种薄膜用于垫在育秧盘的底面，并被土壤覆盖。研究表明，使用这种薄膜可以显著提高机器插秧的效率，因为它促进了水稻秧苗根系的生长，并有助于一个结实的不易折断的秧苗块形成。此外，它还可显著提高秧苗素质，加快移栽后新蘖的出现，提高水稻总产量。并且有进一步的研究证实，麻育秧膜可以增加幼苗根区的供氧量，这种增加的供氧可能通过促进根系呼吸直接促进幼苗的生长发育。

在我国南方地区，由于早稻插秧时期常是阴雨天气，这导致水稻秧盘过湿易散而不能起秧机插，提高根系盘结力就变得尤为重要。麻育秧膜育秧为解决该矛盾提供了一个可能的解决途径。

水稻秧苗根系的生长与水、肥、气、温等条件密切相关。麻育秧膜具有较好的吸水透气性，并且在潮湿环境下短期内即可完全生物降解。由于麻育秧膜的这些特性，其垫铺于育秧盘底面后，可在秧盘底面形成一层透气的小环境，水分和养分可在膜上均匀分布，从而促进了水稻秧苗根系的生长发育。

采用麻育秧膜的秧苗根系发达，机械移栽田间后具有更高的根系活力和生长速率，并最终提高了水稻产量。在产量构成因素上反映为有效穗数增多，而每穗粒数和结实率则略有降低，主要通过影响水稻有效穗数，最终影响了产量。

二、麻地膜

20世纪80年代，随着塑料工业的发展，地膜覆盖技术的引进为我国农业生产带来了巨大效益，成为我国农业生产栽培的重要技术之一。地膜覆盖技术由于具有显著的集雨、蓄水、增温、保墒等作用而被大面积推广应用，为我国农业发展、粮食增产、农业增效、农民增收做出了重要贡献。同时，地膜残留的危害也日益突出，对我国农业可持续发展构成威胁。普通农用地膜的成分主要是聚乙烯，难以收集及降解，因此，大力推广新型环保可降解的地膜对于应对环境污染，促进农业生产，改善土壤环境，保障生态安全具有重要意义。

目前，新型环保地膜主要有光降解地膜、生物降解地膜和光－生物双降解地膜、液态地膜、纸地膜和麻地膜等。但生物降解地膜不仅生产工艺复杂，生产成本相对于其他地膜也较高。

有研究人员分析研究了覆盖苎麻/棉非织造布地膜和塑料地

膜后土壤温度、湿度的变化。研究结果显示，塑料地膜能提高温度、湿度，且透光，但由于其透气性差，不利于植物发芽，苎麻/棉非织造地膜不止有一定的增温、保墒、透光作用，还更有优良的透气性。同时，研究人员以"海花1号"花生为供试品种，结果表明，苎麻/棉非织造布地膜更有利于花生的发芽。

另外，还有一些研究人员研究了大棚内麻地膜覆盖对土壤环境温度、水分及微生物和春季大豆产量的影响。结果表明，大棚内麻地膜覆盖在低温时可显著提高土壤温度；在高温时，麻地膜下土壤获得的有效光辐射最少，土壤温度也相对较低，有效地防止了高温造成的植株徒长与烧苗的问题，同时麻地膜在高温环境下升温平缓的特点及其机械阻隔减少土壤水分蒸发；麻地膜覆盖下土壤温度和土壤含水量的增加，改变了土壤理化性质，促进土壤微生物大量繁殖，高温高湿等特点可以为土壤微生物创造良好的繁殖环境，从而提高大豆产量。

同时，还有研究人员使用以苎麻为主要原材料制成的麻地膜进行了棉花栽培试验，在麻地膜覆盖下，棉花前期发育较快，结铃、吐絮较早，增产效果显著，后期早衰不明显，并且膜能被降解。

在作物栽培中，麻地膜不仅能降解无残留、透气性好，且具有一定的保水、保温性能，使用麻地膜可为解决农业地膜使用造成的环境污染提供一条途径。

第七节　苎麻的药用价值

苎麻根最早记载于中草药名著《名医别录》。明朝李时珍的医学著作《本草纲目》中，对苎麻的部分药用功能做了详细的记载和阐述。现代医学也对苎麻的药用功能、药效成分等进行了一些研究，发现苎麻的根和叶具有较高的医疗保健和药用开发价值。

一、苎麻的药用成分

许多研究表明植物的酚类物质可以预防心血管病、糖尿病和神经退行性变性疾病等慢性疾病方面。近年来，有研究发现苎麻叶具有多种保健功效，如抗氧化、抗炎、抗菌等作用，这些都可能归因于具有生物活性的酚类化合物。同时，苎麻根还被列入《中国药典》，因其具有清热解毒、止血、安胎的药用功能。苎麻中具有生物活性的酚类物质使其成为潜在的保健品和功能食品的候选来源。此外，苎麻中的酚类物质可能有助于提高这种植物在工业应用中的优良品质，如它的抗生物降解和抗菌防霉活性。有研究人员较为系统地对苎麻的根、叶柄、叶和芽等部位的酚类成分进行了分析，下表是苎麻不同部位的酚类成分含量。

芒麻不同部位的酚类成分含量

芒麻部分		酚酸/（μg·g^{-1}）						类黄酮/（μg·g^{-1}）			
		绿原酸	咖啡酸	对香豆酸	阿魏酸	没食子酸	苯甲酸	表儿茶素	芦丁	异槲皮素	金丝桃苷
根		57.58 ±1.78	102.70 ±1.80	2 148.00 ±56.00	36.80 ±2.35	22.64 ±3.79	7.34 ±1.16	—	48.00 ±5.16	31.61 ±2.86	48.32 ±2.75
茎	木质部	1 799.00 ±25.00	9.23 ±0.67	4 155.00 ±52.00	79.31 ±1.06	1.92 ±0.39	94.12 ±3.16	2 540.00 ±61.00	29.60 ±0.53	42.59 ±4.70	30.09 ±0.50
	韧皮部	752.70 ±24.80	199.20 ±2.50	166.40 ±2.10	84.18 ±1.12	5.41 ±0.56	—	1 459.00 ±79.00	30.67 ±1.31		
叶柄		87.35 ±2.17	11.98 ±0.42	344.10 ±3.70	129.10 ±3.70	—	—	—	18.82 ±0.64	10.53 ±0.12	—
叶		121.00 ±2.60	16.19 ±0.80	429.90 ±1.80	98.13 ±4.33	—	—	2.03 ±0.37	257.40 ±9.69	101.00 ±4.20	2.04 ±0.18
芽		1 592.00 ±30.00	147.80 ±2.90	1 003.00 ±11.00	99.75 ±4.33	2.68 ±0.60	82.23 ±0.96	3.47 ±0.33	144.30 ±8.40	163.20 ±12.70	—

（一）绿原酸

绿原酸是苎麻叶的主要药用成分，在杜仲、橄榄、金银花等植物中也有发现。在苎麻的各个部位中，除叶片外，在芽中，绿原酸也是含量最丰富的酚酸。绿原酸具有抗菌解毒、消炎利胆等多种功效，可广泛应用于医学、保健、食品和化妆等领域。下图为绿原酸及其异构体的分子结构。

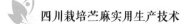

咖啡酸　　　　　绿原酸　　　　　　　异绿原酸A

奎尼酸　　　　　隐绿原酸　　　　　　异绿原酸B

绿原酸及其异构体的分子结构

　　杜晓华等人研究了国内不同种质苎麻嫩茎叶中绿原酸的产量及其产量的影响因素。结果表明，各种质苎麻叶中的绿原酸产量差异较明显，其中产量较高的是"湘潭青皮麻"和"四川洪县园麻"，较低的是"长宁青脚麻""安仁黄家麻""绥宁青麻""沅江青麻""安仁黄水麻"等几个种质材料（见下表）。绿原酸产量的最大影响因素是苎麻叶的干物质产量，其次是苎麻叶中绿原酸的含量，同时苎麻各种质的农艺性状对绿原酸的最终产量也有影响。

不同种质苎麻叶的绿原酸平均含量及总产量

种质	绿原酸含量/%	叶的干物质产量/（kg·hm^{-2}）	绿原酸产量/（kg·hm^{-2}）
绥宁青麻	0.263	697.112	1.833
资溪麻	0.282	1 073.696	3.028
安仁黄家麻	0.103	2 041.720	2.103

续表

种质	绿原酸含量/%	叶的干物质产量/(kg·hm^{-2})	绿原酸产量/(kg·hm^{-2})
四川洪县园麻	0.413	4 046.944	16.714
安仁黄水麻	0.058	2 186.040	1.268
宁远苎麻	0.715	1 350.176	9.654
宁乡冲天炮	0.294	2 599.720	7.643
安仁蔸麻	0.444	2 559.488	11.364
沅江青麻	0.237	768.416	1.821
涟源黄叶麻	0.404	3 075.408	12.424
长宁青脚麻	0.264	830.000	2.191
四川青苎麻	0.375	2 755.040	10.334
邵阳青麻	0.494	1 184.320	5.851
沅江黄壳早	0.489	2 431.776	11.891
沅江白里子清	0.217	2 131.432	4.625
湘潭青皮麻	0.430	4 606.632	19.809
沅江柴火麻	0.416	2 736.520	11.384

（二）黄酮类化合物

黄酮类化合物在植物界分布很广，在植物体内大部分与糖结合成苷类或碳糖基的形式存在，也有的以游离形式存在。黄酮类化合物中有药用价值的化合物很多，这些化合物用于防治心脑血管疾病，如能降低血管的脆性，降低血脂和胆固醇；防治老年高血压、脑溢血、冠心病、心绞痛。许多黄酮类成分具有止咳、祛痰、平喘及抗菌的活性，同时具有护肝、抗真菌、治疗急/慢性肝炎、肝硬化及抗自由基和抗氧化作用。在畜牧业动物生产上，黄酮类化合物的应用能显著提高动物的生产性能，提高动物机体抗病力，改善动物机体免疫机能。苎麻属植物自古以来即为中药配方，其中，它们的多种重要药用功能和黄酮类化合物有紧密关系。

黄酮类化合物是对抗自由基的强大抗氧化剂，因为它们起到"自由基清除剂"的作用。这种活性归因于它们的供氢能力。事实上，黄酮类化合物的酚类基团是一个容易获得的"H"原子的来源，因此，随后产生的自由基可以在黄酮类结构上离域。其化学性质取决于结构类别、羟基化程度、其他取代和共轭以及聚合程度。

（三）提取苎麻药用成分的方法

1. 超声波

人们常用超声波提取法从苎麻中提取黄酮。在经过机械敲麻后，利用乙醇－超声波法提取苎麻中的黄酮，黄酮的得率可达到1.384%，这些处理过程不仅没有给后续脱胶带来不利影响，还大大缩短了脱胶时间。

2. 离子液体

离子液体是熔点低于100℃的有机熔盐，具有许多独特的特性，如蒸气压可忽略不计，热稳定性和化学稳定性高，易燃性低，具有可回收性。它们的性质可以通过阳离子、阴离子或官能团的修饰来调节，从而具有特定的物理和化学性质。离子液体作为一种绿色溶剂，在萃取领域被发展成为传统挥发性有机溶剂的替代品。离子液体基超声辅助萃取与离子液体基双水相体系联用可有效地从苎麻叶中提取纯化绿原酸。优化条件下提取率最高可达 96.18%，采用正丁醇进行反萃取实验，反萃取效率达 74.79%。抗菌试验表明，离子液体基双水相体系制备的绿原酸具有良好的抗菌活性。该方法简便、绿色、有效，可用于苎麻叶中绿原酸的提取和纯化。

3. 双水相体系

双水相体系是一种液-液分离体系，在各种物质的提取、纯化和富集方面具有巨大的潜力。常见的双水相体系包括聚合物、聚合物盐、离子液体盐、深共晶溶剂盐和醇盐双水相体系。与其他相比，醇盐双水相体系具有成本低、黏度低、相组分易回收、沉降时间短等优点。到目前为止，醇盐双水相体系已广泛应用于从药用植物中提取和纯化许多生物活性成分，如提取和纯化芦荟中的蒽醌衍生物、金银花的黄酮、紫甘薯的花青素、苎麻叶中的绿原酸等。

二、苎麻的药理作用

（一）保胎作用

苎麻有助于防止流产。在古代时，人们就发现了这种草药在预防流产方面的临床效果。最近的研究表明，苎麻的根和根茎中的黄酮苷可以抑制哺乳动物妊娠子宫的收缩，而苎麻中的绿原酸具有止血作用，可能与治疗先兆流产有关。其对子宫影响的药理学机制可能包括促进孕酮分泌，抑制 ATP 酶活性，破坏子宫平滑肌细胞内钙离子转运，从而导致子宫收缩减弱。有研究人员进行了一项动物研究，以评估苎麻水提取物对胚胎发育的影响，他们用体外培养的小鼠的胚胎干细胞和成纤维细胞检测苎麻水提取物的细胞毒性。结果发现，苎麻的水提取物不会引起胚胎毒性、胎儿外部或骨骼畸形，也不会导致母体肝、肾或心脏损伤，但是高剂量的苎麻水提取物可能对体外培养的胚胎干细胞产生细胞毒性。

（二）抗氧化作用

人体在正常情况下，自由基在体内不断产生又不断被消除，处于平衡状态。然而当过量的自由基生成时，则可能引起氧化应激，导致生理失衡。最终可能会直接导致或间接导致许多疾病的发生，如肿瘤、心血管疾病和神经退行性变性疾病。抗氧化反应是生物应付氧化应激的方式。酚类化合物是一类具有生物活性的植物化合物，具有很强的抗氧化活性。

苎麻叶含有丰富的酚类化合物，对人体健康有益。有研究人员为了评估苎麻叶对癌细胞生长的影响，研究了其对肝癌细胞增殖的影响。研究发现苎麻鲜叶中的大部分化学成分是可溶的，以游离形式存在的；不同品种苎麻的叶的植物化学成分含量和抗氧化活性存在显著差异；苎麻叶提取物表现出抑制肝癌细胞增殖的活性，其机制可能是苎麻叶提取物增强抗癌细胞因子活性。因此苎麻叶作为抗癌药物在医药领域具有潜在的应用前景。

氧化应激可导致肠道运动障碍，在患有便秘、结直肠癌和其他与便秘相关的慢性疾病的动物中都有观察到。有研究人员研究了苎麻叶的乙醇提取物对洛哌丁胺诱导的大鼠便秘和氧化应激的保护作用。结果表明，该乙醇提取物对洛哌丁胺中毒引起的氧化应激有明显的保护作用，其中的酚类化合物和膳食纤维可能在所观察到的抗凝血和抗氧化中起关键作用。因此，苎麻叶提取物具有通便和抗氧化作用。

（三）抗炎作用

有研究人员探讨了苎麻的药理作用与抗氧化作用的关系。他们采用大鼠肝毒性试验研究其对肝的保护作用，通过生化研究和组织病理学检查评估肝损伤，评估了苎麻水提取物的抗氧化作用。研究发现，苎麻水提取物对肝脏具有保护作用，并具有抗脂质过氧化和自由基清除作用，对角叉菜胶引起的水肿有明显的抗炎作用，对 D-氨基半乳糖引起的肝毒性有保护作用。同时也有研究人员认为苎麻叶中的酚酸组分具有抗炎，镇痛，改善微循环和血液流变学等多种作用，对急性软组织损伤具有良好的修复作用。其主要的作用机制是降低毛细血管通透性，加强损伤处丢失和渗出细胞的吸收，使血液凝聚状态减轻，瘀血减少，促进局部血液循环。

（四）治疗糖尿病

2 型糖尿病的根源是激素失衡。抑制哺乳动物 α-葡萄糖苷酶，可减少淀粉水解成葡萄糖，降低葡萄糖摄取量，使餐后血糖浓度正常化。有研究人员对我国 10 个广泛种植的苎麻品种的叶提取物的酚类化合物进行了鉴定，并对叶提取物抗氧化能力和对 α-葡萄糖苷酶抑制作用进行了研究。研究结果显示，不同品种的抗氧化能力和对 α-葡萄糖苷酶抑制能力表现不同。同时该实验表明，"黔江仙马"和"芦竹青"两个苎麻品种的抗氧化能力和对 α-葡萄糖苷酶抑制的作用最好。因此，苎麻叶可作为潜在的抗糖尿病药物的新来源。

第八节　苎麻在水土保持方面的应用

苎麻适宜在温带及亚热带地区，土壤土层深厚、疏松，土壤有机质含量高，pH 值为 5.5～7.5，保水、保肥、排水性好的地区种植。我国分为长江流域麻区（包括湖南、四川、湖北、江西、安徽等省）、华南麻区［包括广西、广东、福建、云南、台湾等省（自治区）］、黄河流域麻区（包括陕西、河南等省及山东省的南部）。其中长江流域麻区是我国的主要产麻区，其栽培面积及产量占全国总栽培面积及总产量的90%以上。

我国的坡耕地分布广、面积大、产沙量高。苎麻在南方坡耕地种植已有悠久的历史，由于其枝繁叶茂、根系发达，可有效降低土壤侵蚀量和地表径流量，改善土壤物理性状，提高土壤渗透能力，防止土壤崩岗，治理水土流失的效果显著，因此苎麻是一种优良的水土保持植物。

一、苎麻的水土保持机理

对苎麻水土保持的研究，主要集中在应用苎麻进行水土流失治理和生态恢复中水土保持效果等方面，对它水土保持机理的研究不多。研究苎麻的水土保持机理，需要从其地下部分生长和耕作模式进行探讨。

（一）苎麻地下部分的保水固土

苎麻的麻蔸发达，在土壤中盘根错节，固土能力强。同时苎麻生长速度快，麻蔸新陈代谢迅速，且具有"换蔸"的生长特性，这增加了土壤覆盖度和土壤孔隙率，能蓄留雨水，减少地表径流。

1. 地下部分发达

苎麻根系由萝卜根、侧根、细根等组成。萝卜根粗壮，可储藏大量淀粉粒和水分，入土深度 50 cm 以上，细根主要分布在 35 cm 左右的耕作层内，根群大部分分布在 30～50 cm 深的土层中，根系入土深度可超过 2 m。苎麻还具有发达的地下茎，地下茎经多次分枝，向四周和上方扩展，并逐渐变粗。苎麻的地下茎具有良好的木栓组织，有着丰富的储藏物质，能够储藏大量的水分和营养。根系与地下茎组成苎麻麻蔸，麻蔸十分发达，在土壤耕作层中相互交叉、盘根错节，像一张密集的大网，将麻园内分散的土壤连结成为整体。发达的苎麻麻蔸具有强大的固土能力，即使在坡地也可抵御一般的雨水冲刷，能有效地防止水土流失。

2. "换蔸"现象

苎麻地上部分生长很快，为了维持地上部分的生长，麻蔸的新陈代谢迅速，新的麻蔸不断向土壤周围和深处延伸，范围不断扩大，起到了疏松土壤的作用，降雨时能增加渗透量；另外，干旱时麻蔸吸水使土壤含水量变低，也增加了降雨时的渗透量。苎麻根蔸的"换蔸"现象是指衰老的地下根茎大量死亡，新的地下根茎还没有大量产生，及时采取栽培管理措施后，新的地下根茎又会大量产生，恢复正常。大量死亡的地下根茎增加了土壤有机质，并形成土壤大孔隙，增加了土壤孔隙率、透气性和透水性，降雨时能增加渗透量，减少地表径流。

（二）苎麻耕作模式的保水固土

应用苎麻保护性耕作模式即覆盖栽培、免耕栽培、休闲和轮作栽培，可以实现抑蒸抗旱、保水、保肥、固土的功能。

1. 覆盖栽培

覆盖栽培指苎麻绿色覆盖和残茬覆盖。苎麻分蘖力强，密度大，而且叶宽大，数量多，厚重密集，覆盖度可达100%；覆盖时间长，每年一般为9个月左右。地表覆盖达到50%时可减少土壤流失95%。同时覆盖栽培能增加地表的粗糙度，减缓径流的速度，增加径流水滞留地表的时间，提高渗透量；防止暴雨直接打击地表和冲刷表土，减少水土流失；同时，可以截留较大雨量，利于保持土壤水分。

2. 免耕栽培

免耕栽培是利用生物松土替代机械松土，土壤自身的冻融或干湿变化带来耕层自然疏松，以及土壤自身对容重、养分、土壤微生物和孔隙度的调节能力。免耕栽培可以使土壤的自然结构和孔隙呈有序分布，保持土体的原状稳态结构，稳定和协调土壤肥力，有效地减少水土流失和土壤风蚀，改善生态环境。在这种栽培方式下，苎麻栽培时只在栽苗时深翻耕麻地，此后每年每季麻收获后不耕或只进行中耕。中耕时一般只除草，不深翻地，并将杂草、麻秆和落叶一道埋入麻地行间，这样既可提供苎麻生长所需的有机肥料，又能促使土壤疏松透气，提高保水、保肥能力。免耕栽培有良好的水土保持效果，可使地表径流量减少50%，土壤流失量减少85%，土壤蓄水能力提高10%左右。

3. 休闲和轮作栽培

苎麻冬季休闲栽培有利于麻地蓄水、保水（苎麻每年的生长期约 9 个月，冬季的 3 个月时间苎麻进入休眠状态）。冬季土层比较干燥，有强大的吸收雨水的能力；表土层渗透力较好，不易形成结皮；冬季雨量小，次数多，有利于雨水渗透，土壤、气候条件有助于水分的储存。同时，实行轮作，种植豌豆、紫云英等豆科作物，豆科作物经翻埋腐烂后形成的活性腐殖质具有很强的胶结、团聚能力，可使麻地土壤形成良好的团粒结构，提高土壤保水、保肥性能。

二、苎麻水土保持效果的影响因素

苎麻的叶面积指数、茎叶截留效应、枯落物持水能力、地下部分分布等都会影响水土保持能力。康万利等人研究认为苎麻水土保持效果好，主要是其根系入土深、分布广，主根发达，覆盖时间长，叶面积指数大。

植被叶面积指数与土壤侵蚀量大小密切相关，植被叶面积指数大，可以极大地减少降雨对地表的直接冲刷。地上部茎叶通过截留作用能有效地降低到达地表的有效降雨量，减弱雨滴的动能，有效地减弱降雨对土壤的侵蚀。地表枯落物的持水对防止溅蚀，延缓地表径流有重要作用。植物地下部分可提高土壤抗蚀能力，其中不同类型的根系对土壤的固定能力差异比较大，须根和细根固定表层土壤能力强，粗壮的主根可固定深层土，同时根系在土壤中的分布与根系固土能力密切相关。

第九节　苎麻对重金属污染土壤的修复

重金属在土壤中很难降解，并且治理起来成本较高。污染土壤的修复指利用物理、化学和生物等方法将土壤中的重金属清除或降低其生物有效性，减少土壤中重金属存在的影响，主要包括两条途径：一是去除，二是固定。采用生物修复重金属污染的土壤是通过植物、微生物和动物来去除土壤中的重金属。植物修复技术是指利用植物的降解、固定、萃取、挥发或者根际过滤等机制去除土壤中的污染物或者降低其毒害作用。与传统土壤修复法相比，植物修复技术具有修复成本低、二次污染少、适用范围广等特点，是一种发展前景广阔的修复手段。

苎麻可以生长在不同的重金属矿区，因为其生物量高、生长速度快（每个完整生长周期 50～90 d），以及每年可收割 3 次的能力，所以它在重金属污染土壤植物修复方面具有很高的潜力。

一、吸收镉

一般情况下镉在环境中的自然含量很低，但由于采矿、冶炼，以及农业中过量使用磷肥和污水污泥，这导致镉往往会累积到有毒浓度。过量的镉很容易被植物根系吸收，并在植物体内大量累积。当植物体内镉过量时，植物体内活性氧的过量产生和氧化应激的发生可能是镉毒性的间接结果，其机制包括与抗氧化系统相互作用，破坏电子传递链或干扰必需元素的代谢。镉最有害的影响之一就是引起脂质过氧化，可直接导致生物膜的退化。

有研究认为，苎麻对镉的耐受性和解毒机制可以用镉在亚细胞水平上的分布模式和化学形态解释。在苎麻的叶细胞和根细胞中，50%左右的镉与细胞壁结合，细胞质中的镉含量次之，约占34%，而细胞器中镉含量最少，这种细胞壁的高结合能力可能是保护苎麻细胞原生质体免受镉毒害的屏障。同时有实验表明，与蛋白质或果胶酸相结合以及形成磷酸盐沉淀是镉在苎麻细胞中存在的主要形态。在一定程度镉污染胁迫下，苎麻中的叶绿素、类胡萝卜素和可溶性蛋白质含量均有不同程度的增加，同时，机体通过加速抗坏血酸—谷胱甘肽循环来清除多余的活性氧，使植株避免受到氧化伤害。更有研究人员研究了苎麻不同纤维细度品种对重金属镉耐受性的差异，结果发现中、高细度品种苎麻对镉耐受性高于低细度品种。其中"大竹黄白麻""宁乡冲天炮""浏阳大叶青""邻水青顶家麻""川苎8号""中苎1号""武岗红皮麻""湘饲纤兼用苎1号"等苎麻品种的耐镉阈值是75 mg/kg。"湘苎三号""多倍体一号""资兴麻""厚皮种一号"等苎麻品种的耐镉阈值是150 mg/kg。

植物从根部吸收的重金属离子经过木质部运输到茎、叶、果实等器官，在同一植物体的不同组织、器官之间，镉的分布一般存在显著差异，镉优先积累到薄壁组织中。镉在苎麻不同部位的分布量大小为：麻壳＞根＞麻骨＞叶＞原麻。苎麻的麻壳主要由次生韧皮部的周皮和薄壁细胞组成，活细胞多，代谢旺盛，镉分布最多；麻骨由已经降解的髓腔和木质部组成，主要成分是死细胞和导管构成的木纤维，细胞代谢没有麻壳活跃；苎麻叶片代谢速度快，但由于生命周期短于茎和根，且一段时间后老叶会掉落，并被新叶取代，故而通过地上部取样测得的镉含量较低；原麻纤维由已经死亡的细胞构成，其液泡、原生质、膜的结构已被降解，因此，镉含量最低。

也有人认为，在利用苎麻进行重金属污染土壤的修复过程中，未经调控的土壤中重金属的有效态含量和植物的提取能力相比较低，限制了植物修复技术的发展与应用，而且土壤中的有效态重金属是一个缓释过程，不能够满足植物短期内快速吸收提取的要求。因此，需要进一步添加螯合剂，提高重金属的有效性，提升植物修复措施的效率。有研究人员比较了常用螯合剂乙二胺四乙酸和易生物降解的螯合剂乙二胺二琥珀酸的修复效果，以及它们对苎麻生长产生的影响。相比单独利用苎麻进行植物修复，螯合剂的施用都会促进土壤中镉、铅的有效态含量增加，促进苎麻各部分对镉、铅的吸收累积，有较好的诱导作用。随着螯合剂浓度的升高，苎麻各部位镉、铅的含量增加，且镉含量表现为：根＞茎＞叶，铅含量表现为：根＞叶＞茎。在促进苎麻各部位吸收镉、铅的同时，施加螯合剂使得苎麻生物量降低，叶片中丙二醛含量增加，对苎麻植株生长产生不利影响。但低浓度（1.5 mmol/kg）乙二胺二琥珀酸不会对苎麻产生不利影响。在实际使用中，应充分考虑土壤重金属类型和螯合剂可能对环境造成的二次污染。

二、吸收铅

铅是生物非必需元素和毒性最强的重金属之一，其污染主要来自于重金属矿区冶炼过程中产生的"三废"，植物吸收后表现为抑制生长、失绿、枯死等毒害症状，甚至会导致一些农作物减产和绝收。

有研究人员研究了不同铅浓度胁迫条件下苎麻修复重金属污染的效果。研究表明，低浓度铅胁迫处理对苎麻生长及生物量无明显影响，而高浓度铅处理对苎麻产生明显抑制作用，使它生长受阻及生物量减少，但无严重毒害症状，这表明苎麻对重金属铅污染的土壤具有一定的耐受性。研究还表明，苎麻体内铅含量和土壤处理浓度有密切相关性，植株体内的铅吸收量总体上随土壤胁迫处理浓度增加而上升，且表现为地上部分含量明显低于根部含量，说明重金属铅被麻株吸收后先大部分固定于根部保存起来，然后再通过植株生长转运到地上部分。苎麻对重金属铅富集能力有限，但转运能力较好，鉴于苎麻植物根系发达、生物群体大和保水、固土能力强等特点可作为修复铅及其复合污染的理想植物。

重金属污染的土壤中可施加不同改良剂（有机肥、石灰和海泡石等），利用这些改良剂对土壤重金属的沉淀、吸附和拮抗作用，以降低重金属的移动性和生物有效性。有研究表明，改良剂的应用能促进苎麻对重金属铅及镉污染土壤修复。重金属污染土壤实施改良剂后能有效降低土壤有效态镉、铅，从而减少苎麻对重金属的吸收。同时，改良剂处理改善了土壤理化性质，促进苎麻植株生长发育，苎麻根系及地上部分生物量明显增多，以致其全株重金属的吸收量也有所增加，所以改良剂处理能有效地促进苎麻对重金属镉、铅污染土壤的修复。

有人以种植于临湘镉、铅复合污染农田中的 7 个苎麻栽培品种为材料，研究不同苎麻品种在镉、铅复合污染农田中的生长情况和重金属富集差异。研究认为，铅被吸收进入苎麻植株后大部分积累在根系，苎麻对铅的富集系数和转运系数均较低，其原因可能是土壤中铅的植物可利用性较低。铅在根系中主要以磷酸盐、碳酸盐等沉淀形式存在，由于吸附、钝化或沉淀作用，根系中的铅很难向地上部转运。此外，镉、铅之间还存在着交互作用。在镉、铅复合污染土壤中，镉的吸收和转运能力高于铅，镉抑制了铅的吸收。

铅在苎麻各个部位的分配与镉有所不同，麻壳、根和叶中的铅含量较高，而麻骨和原麻中铅的含量较低。大多数植物体内的重金属是通过植物根系的吸收作用从土壤中得到，还有一部分来自空气，有些元素如铅、汞和锌等，主要是通过植物叶片的吸收作用得到。苎麻叶片和根部铅含量较高，其中叶片铅含量高的原因可能是因为含铅的粉尘落在苎麻叶片上，进而被叶片吸收，由于铅在苎麻体内的移动性较弱，因而导致叶片铅含量较高。

三、吸收铜

某铜矿区土壤以铜污染最为严重，给当地居民的生产、生活带来一定的影响与危害。在相关的调查研究下，研究人员发现苎麻作为优势种在当地生长旺盛，说明苎麻具有很强的耐铜能力；重金属在铜矿区土壤及苎麻体内含量分布从高至低依次为：铜＞铅＞镉；苎麻地上部分重金属含量低于其地下部分含量，苎麻植株体内重金属含量在根中最高，叶片中最低。研究人员认为主要原因是根、茎较叶片的生长期更长，且根系分泌物能更有效地与重金属结合，储存在根中，例如，根分泌的有机酸、氨基酸、糖类物质、蛋白质及大量其他物质能提高土壤重金属的生物有效性，根系微生物能产生有益代谢产物，改变根系缺氧状态并促进土壤重金属溶解。

该铜矿区苎麻对不同重金属的富集转移系数的高低依次为：镉＞铅＞铜。苎麻体内铜含量最高，但富集转移系数最低；镉含量最低，但富集转移系数最高。这可能是不同重金属诱导植物螯合素合成的能力差别很大，植物螯合素在降解镉毒过程中能起到重要作用，植物螯合素－镉复合物是镉由细胞质进入液泡的主要形式。另外，植被的分布情况也可能影响苎麻对重金属的富集能力，已有研究表明芒草对镉的富集系数大于1，且狗尾草与淡竹叶对镉均有一定的富集能力，芒草、狗尾草、淡竹叶、苎麻为矿区共同分布的植物，4种植物对镉的富集存在协同作用。

生物淋滤被认为是减少污泥中重金属最经济可行、对环境危害最小的方法。然而，生物淋滤过程中会产生大量含重金属的酸性废水，对环境造成危害。如果将酸性废水用于连续生物浸出，可大大缩短生物浸出周期，节约成本。然而，酸性废水中的重金属在后续的生物淋滤过程中严重削弱了淋滤效率，这使得连续生物浸出的研究和应用非常困难。去除酸性废水中的重金属有助于保持连续生物浸出过程中重金属的浸出效率在较高水平。苎麻骨可用于从酸性废水中吸附铜、铅等。酸性废水经吸附后回用，缩短了生物浸出周期，保持了较高的金属浸出率，实现了连续间歇生物浸出。

总之，土壤中重金属的增加导致苎麻对金属的吸收增加。然而，韧皮纤维中的金属浓度相当低，仅占植物地上部分的3%左右。因此，纤维中所含金属含量与整个植物中金属含量的比例可以忽略不计。重金属对苎麻纤维数量和质量没有显著的负面影响，收获的纤维可用于工业用途，而不必考虑所含重金属的水平。

苎麻的另一个环保性能是它对土壤有机质库的逐渐影响。研究人员发现，某田块经过 13 年的苎麻种植，土壤中有机质、氮和磷的含量显著增加。

第十节　苎麻麻骨的综合利用

苎麻是我国传统纤维作物，2020 年，我国苎麻种植面积 50 万亩左右。而占生物学产量 60% 左右的麻茎秆除少部分用于压制纤维板或制浆造纸外，大部分被当作柴烧或废弃，生物利用率低，造成资源的极大浪费。苎麻骨不仅可作造纸原料，或者是制作家具和板壁等的纤维板，还可酿酒、制糖，提取纤维素纳米晶，做培养基和可降解材料使用。同时由于麻骨中富含纤维素，因此也可望用于转化生产燃料乙醇。

一、制作纤维板

苎麻麻骨能生产出与用阔叶树种生产的质量相似的硬质纤维板和中密度纤维板，用苎麻麻骨生产纤维板对生产设备没有特殊要求。每年每亩苎麻可产麻骨 450 kg 左右，而 2 000 kg 麻骨可生产 1 m³ 硬质纤维板或 1.3 m³ 中密度纤维板，这样不仅可以提高经济效益，还可节约木材，保护生态平衡。以麻骨、麻壳等为基料，加入适量辅料，还可制成栽培食用菌的培养基质。

专利 CN110509388A 公开了一种基于麻骨的高强度耐候彩色

板材制备方法，包括麻骨预处理、深度单色染色、混色施胶、温压成形、后处理五个步骤，用于大规模生产彩色板材。制备的板材色泽艳丽、强度高、抗磨损、耐候性好，用途广泛，是一种实现麻骨等麻类作物剩余物高价值清洁利用的有效途径。

二、制作乙醇

利用麻骨生产乙醇主要包括原料的预处理、酶解、发酵和蒸馏四个步骤，其中纤维素酶将纤维素降解成可发酵糖是重要的一步，但由于天然木质纤维素结构致密，直接进行酶解，纤维素的转化率很低，所以，酶解前需要对木质纤维素原料进行预处理。有研究人员采用碱性预处理苎麻秆和红麻秆，经过分批补料半同步糖化发酵工艺，在补料至底物浓度为 20% 时，乙醇浓度达到 63 g/L，转化率分别为 77% 和 79%；以木质素含量低的苎麻作为原料，通过酶降解生产燃料乙醇，苎麻韧皮总糖转化率达到 67%，糖醇转化率达到 44%，经过进一步优化工艺，可望进一步提高乙醇产量。

三、制作包装产品

植物纤维餐具的生产过程无污染，产品绿色环保，原料来源广泛。植物纤维餐具的出现也顺应了当今社会可持续发展的时代潮流。麻骨的纤维素含量和纤维形态类似阔叶树种，理论上是理想的植物纤维餐具的制备原料。将玉米粒和苎麻麻骨粉碎成粒度为 80~100 目的粉状物料，在苎麻骨和玉米粉的混合物中加入不同比例的添加剂，使混合物在混料机中充分混合，再经热压处理、磨边处理、消毒干燥得到麻骨植物纤维餐具。其中，液态石蜡比硬脂酸更适合作为麻骨植物纤维餐具的防水剂；加入碳酸钙、滑石粉或高岭土三种填充剂都可以在一定程度上增强麻骨植物纤维餐具的使用性能和耐油性能。

专利 CN105924678A 介绍了一种麻骨可降解移栽盆，麻骨可降解移栽盆的原料中苎麻麻骨粉纤维含量较高，质地疏松，易于粉碎，成型性能好，并且易降解，原料来源较广，苎麻麻骨可降解移栽盆成本低并最快在 16 周内完全降解。专利 CN103214694A 涉及一种苎麻骨可降解餐具及其制造方法，原料由苎麻麻骨粉 30%～60%，淀粉 20%～60%，增塑剂 4%～10% 和水组成，工艺流程简单、成本低，产品可完全降解，同时它还具有无毒、无异味、生产过程无"三废"等优点。

四、其他用途

专利 CN106380613A 公开了一种麻骨纤维素纳米晶自组装结构色薄膜的制备方法，制备方法简单，且纤维素纳米晶尺寸可控，得到的纤维素纳米晶薄膜可用于生物医学及高分子材料领域。

专利 CN105166324B 提供了一种利用麻骨培养基菌糠制作饲料的方法，制作步骤简便。这个方法既提高了麻骨培养基菌糠的营养价值，又消减了麻骨培养基菌糠中的抗营养因子，作为饲料原料在动物饲粮中使用可一定程度上降低饲料成本。

专利 CN103272569A 公开了一种用作吸附剂的麻骨吸附剂及其制备方法，原料成本极低，而且原材料比较环保。经过试验对染料溶液的吸附率达到99%，吸附量较大，吸附效果好，吸附能力较强。

专利 CN101734974A 涉及含麻骨粉的秀珍菇培养基及秀珍菇栽培方法，专利 CN101411289A 利用麻骨培育金针菇，专利 CN101411288A 利用麻骨培育平菇，它们都具有育菇成本低、增产明显、周期短，能够解决麻骨还田难、焚烧污染环境等优点。

参考文献

［1］崔忠刚，张中华，杨燕，等. 优质苎麻新品种"川苎17"的选育
　　［J］. 中国麻业科学，2019，41（3）：104－108.

［2］崔忠刚，吴文梅，杨燕，等. 饲用苎麻新品种"川饲苎3号"的选育
　　［J］. 养殖与饲料，2022，21（10）：42－45.

［3］张中华，李世银，杨燕. 优质高产杂交苎麻新组合川苎16的选育及栽
　　培技术［J］. 种子世界，2015（4）：48－49.

［4］张中华，李立安，魏刚，等. 高纤维细度苎麻新品种"川苎12"选育
　　报告［J］. 中国麻业科学，2010，32（5）：245－247，260.

［5］张中华，魏刚，杨燕，等. 优质高产杂交苎麻新组合"川苎11"选育
　　报告［J］. 中国麻业科学，2009，31（4）：228－232.

［6］张中华，魏刚，任小松，等. 优质高产多抗苎麻新品种"川苎10号"
　　选育报告［J］. 中国麻业科学，2007（2）：67－70，89.

［7］张中华，魏刚，徐建俊，等. 优质高产杂交苎麻新组合"川苎8号"
　　选育报告［J］. 中国麻业，2003（4）：14－17.

［8］朱该，魏心敏，徐建俊，等. 苎麻新品种"川苎4号"选育报告［J］.
　　中国麻作，1993（2）：19－21.

［9］任小松，崔忠刚，唐朝霞. 饲料用苎麻新品种"川饲苎2号"的选育
　　研究［J］. 农业开发与装备，2014（8）：81－82.

［10］王朝云，易永健，周晚来，等. 秧盘垫铺麻育秧膜对水稻机插秧苗根系
　　　发育及产量的影响［J］. 中国农机化学报，2013，34（6）：84‐88.

［11］欧阳西荣，唐守伟. 苎麻高产高效栽培与综合利用技术综述［J］. 中
　　　国麻业科学，2008，30（2）：84‐88.

［12］宋喜艳. 基于苎麻骨的耐候彩色复合板材制备与性能研究［D］. 中南
　　　林业科技大学，2022.

［13］张英. 苎麻种质镉富集性评价及分子标记与富集机制［D］. 湖南农业
　　　大学，2021.

［14］薛召东，杨瑞林，曾粮斌，等. 苎麻主要病虫害防治技术规范：NY/T
　　　2042‐2011［S］. 北京：中华人民共和国农业部种植业管理司，
　　　2011：1.

［15］熊和平. 2008. 麻类作物育种学［M］. 北京：中国农业科学技术出
　　　版社.

［16］中国农业科学院麻类研究所. 1992. 中国苎麻品种志［M］. 北京：
　　　农业出版社.

附录

达州市农业科学研究院
麻类作物研究所简介

　　达州市农业科学研究院麻类作物研究所主要从事麻类作物种质资源的收集、鉴定与利用，苎麻新材料和新品种选育，麻类作物高产高效栽培技术，麻类作物多功能应用开发等研究工作。麻类作物研究所历史悠久，前身为川南麻作试验站，现建有"国家级苎麻种质改良中心四川分中心""苎麻遗传育种与纤维性能加工达州市重点实验室"，是"国家麻类产业技术体系达州麻类综合试验""四川特色经作创新团队苎麻岗位""四川省苎麻育种攻关""四川省特色作物（苎麻）种质资源保护基地"等依托单位。实验室占地面积 1 500m^2，设有综合实验室、苎麻脱胶实验室、种苗培养室、考种作业室、镜检实验室、纤维检测实验室等；拥有开展苎麻生物育种、生理生化分析、化验分析、组织培养等价值 1 200 余万元的仪器设备；建有沟渠路灯配套设施完备的苎麻试验基地 100 亩，配有人工气候室、晾晒场、挂藏室、库房及配套小区播种机、收割机等农机设备。

　　达州市农业科学研究院麻类作物研究所，现有科研人员 9 人，其中研究员 2 人，副研究员 1 人，高级农艺师 4 人，中初级职称 2 人。其中，有四川省突出贡献专家 1 人、达州市学术技术带头人 1 人。

80 多年来，麻类作物研究所在苎麻种质资源的收集评价与利用、雄性不育杂种优势利用、特优质纤用苎麻品种选育、苎麻多用途功能开发、高产高效栽培等研究领域取得 100 余项科技成果，其中雄性不育杂种优势利用等多项成果处于国际领先地位，先后获得省（部）级科学技术进步奖一等奖 2 项、二等奖 5 项、三等奖 4 项；育成经国家、省级审定的苎麻新品种 25 个；授权专利 3 项，职务新品种权 3 个；研制并发布苎麻相关的四川省地方标准 9 项；出版著作 5 部。

麻类作物研究所不同阶段的科技成果的推广应用，在我国苎麻产业发展的历程中，对提升苎麻产量、品质，加工业升级和促进地方经济发展上发挥了重要作用。

联系方式

联系人：崔忠刚，苟云，杨燕，李亚玲，李萍

联系电话：0818－2373886；18784896186

E－mail：aibig333@163. com

联系地址：四川省达州市通川区犀牛大道达州市农业科学研究院（邮编：635000）